职业安全与健康防护科普丛书

石化行业
人员篇

指导单位　国家卫生健康委职业健康司 应急管理部宣传教育中心
组织编写　新乡医学院 中国职业安全健康协会

总主编◎任文杰
主　审◎韩晋江
主　编◎王如刚
副主编◎牛东升　严　明　侯兴汉　董定龙

编　者（按姓氏笔画排序）
马　尧　马卫胜　马庆霞　王　晨　王大宇　王如刚
王宏霞　王学峰　王峥然　牛东升　甘冰洋　田　锐
孙冀阳　严　明　李　煜　李树新　李新鸾　杨　杰
杨梦迪　余霞玲　谷　丽　宋志伟　张　欢　张茂东
张非若　张昌运　张宝成　林长军　罗　环　郑　昀
房　云　赵　宇　赵宸璠　侯兴汉　姜　宏　夏玄颖
陶淮颖　康秉勋　梁　婧　董定龙　蒋照宇　韩育红
魏胜桃

人民卫生出版社
·北　京·

图书在版编目（CIP）数据

职业安全与健康防护科普丛书. 石化行业人员篇 / 王如刚主编. —北京：人民卫生出版社，2022.9

ISBN 978–7–117–33528–7

Ⅰ. ①职… Ⅱ. ①王… Ⅲ. ①石油化工行业 – 劳动保护 – 基本知识 – 中国 ②石油化工行业 – 劳动卫生 – 基本知识 – 中国 Ⅳ. ① X9 ② R13

中国版本图书馆 CIP 数据核字（2022）第 160761 号

职业安全与健康防护科普丛书——石化行业人员篇

Zhiye Anquan yu Jiankang Fanghu Kepu Congshu

——Shihua Hangye Renyuan Pian

主　　编：王如刚

出版发行：人民卫生出版社（中继线 010-59780011）

地　　址：北京市朝阳区潘家园南里 19 号

邮　　编：100021

E - mail：pmph @ pmph.com

购书热线：010-59787592　010-59787584　010-65264830

印　　刷：北京顶佳世纪印刷有限公司

经　　销：新华书店

开　　本：710 × 1000　1/16　　印张：11.5

字　　数：144 千字

版　　次：2022 年 9 月第 1 版

印　　次：2023 年 1 月第 1 次印刷

标准书号：ISBN 978-7-117-33528-7

定　　价：58.00 元

打击盗版举报电话：010-59787491　E-mail：WQ @ pmph.com

质量问题联系电话：010-59787234　E-mail：zhiliang @ pmph.com

数字融合服务电话：4001118166　E-mail：zengzhi @ pmph.com

《职业安全与健康防护科普丛书》

指导委员会

《职业安全与健康防护科普丛书》

编写委员会

总序 

近年来国家出台、修订了《中华人民共和国安全生产法》《中华人民共和国职业病防治法》等一系列的法律法规，为职业场所工作人员筑起一道道的"防火墙"，彰显了党和政府对劳动者安全和健康的高度重视。随着这些法律法规的贯彻落实，我国的职业安全健康工作逐渐呈现出规范化、制度化和科学化。

职业健康危害是人类社会面临的一个既古老又现代的课题。一方面，由于产业工人文化程度较低，对职业安全隐患及健康危害因素的防范意识较差，缺乏职业危害及安全隐患的基本知识和防范技能，劳动者的职业安全与健康问题十分突出；另一方面，伴随工业化、现代化和城市化的快速发展，各类灾害事故，特别是职业场所事故灾难呈多发频发趋势，严重威胁着职业场所劳动者的健康。因此，亟须出版一套适合各行业从业人员的职业安全与健康防护的科普书籍，用来指导产业工人掌握职业安全与健康防护的知识、技能，学会辨识危险源，掌握自救互救技能。这对保护广大劳动者身心健康具有重要的指导意义。

本丛书由领域内专家学者和企业技术人员共同编写而成。编写人员分布在涉及职业安全与健康的各行业，均为长期从事职业安全和职业健康工作的业务骨干。丛书编写以全民健康、创造安全健康职业环境为目标，紧密结合行业的生产工艺流程、职业安全隐患及职业危害的特征，同时兼顾职业场所突发自然灾害和事故灾难情境下的应急处置，丛书的编写填补了业界空白，也阐述了科普对职业健康的重要性。

本丛书根据行业、职业特点，全方位、多因素、全生命周期地考虑职业人群的健康问题，总主编为新乡医学院任文杰校长。本套丛书分为八个分册，分册一为消防行业人员篇，由应急总医院张涛、上海消防医院吴迪主编；分册二为矿山行业人员篇，由新乡医学院任文杰、姚三巧主编；分册三为建筑行业人员篇，由深圳大学总医院韩伟主编；分册四为电力行业人员篇，由天津大学樊毫军、曹春霞主编；分册五为石化行业人员篇，由北京市疾病预防控制中心王如刚主编；分册六为放射行业人员篇，由中国医学科学院放射医学研究所焦玲主编；分册七为生物行业人员篇，由广西医科大学邹云锋主编；分册八为交通运输业人员篇，由温州医科大学洪广亮主编。

本丛书尽可能地面向全部职业场所人群，力求符合各行各业读者的需求，集科学性、实用性和可读性于一体，相信本丛书的出版将助力为广大劳动者撑起健康“保护伞”。

清华大学

2022 年 8 月

前言

石油化工行业是我国的支柱产业，生产线长、涉及面广，涵盖了石油、天然气的勘探、开采、储运（含管道运输）、销售和综合利用，石油炼制及成品油储存与运输，石油化工、天然气化工、煤化工及其他化工产品的生产、储存、运输，新能源、地热等能源产品的生产、储存、运输，石油石化工程的勘探、设计、施工、安装，石油石化企业设备检修维修，机电设备研发、制造与电力、蒸气、水务和工业气体的生产等诸多领域。由于石油化工行业生产过程中使用了大量的易燃、易爆、有毒、有害和腐蚀性化学品，并且频繁采用高温、深冷、高压、加氢等工艺手段，不仅存在着易燃烧、爆炸、中毒、环境污染等事故隐患，在生产过程、劳动过程、作业环境中还存在粉尘、化学有害因素、高温、噪声和射线等职业病危害因素，容易危及作业人员健康，造成职业伤害，甚至还会发生职业病和人身伤亡事故。

职业安全与健康防护是一门多学科的综合性科学。本书运用这一综合性科学，系统性、实践性较强，紧密地结合了石化行业职业安全隐患及职业健康风险特征，内容涵盖了石油化工企业基础设施的施工建设以及石油、天然气的勘探、开采与炼油、化工原料、合成纤维、合成橡胶、合成树脂与塑料、化肥、煤化工和助剂的生产以及辅助生产与储存运输、生产装置停工与检修等一系列作业岗位存在潜在的安全隐患和职业病危害因素种类，特别是通过分析生产过程中的物理因素、化学因素等导致的机械伤害、燃烧、火灾、电击、中毒和窒息等风险，提出石化企业职业安全与健康防护措施，以提高劳动者健康安全与职业病防治和应急处置的能力。

参加编写人员均来自于石油天然气、石油化工系统主管生产安全与职业病防治部门、疾病预防控制和职业病防治专业机构，具有丰富的安全管理、安全技术、职业卫生、检测与评价、职业医学、职业健康监护、健康防护、应急救援、健康教育等工作经验，能密切联系生产实际，深入浅出地介绍职业安全与健康防护知识。本书是适合石化行业人员的职业安全与健康防护的科普书籍，积极倡导“安全第一”“职业健康先行”的基本理念，坚持理论与实践相结合、专业与科普相结合的原则，以指导石化行业作业人员能够辨识工作岗位的职业病危害和安全风险，并掌握安全生产、职业病危害分析及预测、职业病防护、应急处置及自救互救方法等，以更加有效地做好预防和减少安全事故、健康损害及职业病的发生。

编者

2022 年 2 月

目录 

第一章

概论

第二章

施工安全与健康防护

第三章

石化企业生产职业安全与健康防护

第四章

辅助生产

第五章

石化产品储藏运输

第六章

石化装置停工检修作业

第一章 概论

石化行业涉及面广，油气田、炼油厂、石油化工厂、油库、加油站、输油（气）管线遍及全国城市、乡镇。生产过程包括油气勘探、油气田开发、钻井工程、采油工程、油气集输、原油储运、石油炼制、化工生产、油品销售等，社会需要的汽油、煤油、柴油、润滑油、化工原料、合成树脂、合成橡胶、合成纤维、化肥等多种产品与人们的衣、食、住、行密切相关。石化辅助生产的电气仪表、供汽、供氮、供排水及储存运输、生产装置停工与检修作业等一系列岗位，构成石化行业的整体。

第一节 石化行业的职业安全与健康特点

随着石化企业的快速发展，无论本身的事故灾害，还是自然灾害、公共卫生事件、社会安全事件对石化企业的危害，已引起人们非常关注。

1. 石化行业生产工艺复杂是高危产业 石化企业工艺和设备先进，生产过程中涉及的行业广，运行条件苛刻，自动化程度高、连续性强，再加生产工艺复杂，多在高温、高压下进行化学反应。石化生产过程中，需经物理、化学过程和传质、传热单元操作，一些控制条件异常苛刻，如高温、高压，低温、真空等，如蒸汽裂解的温度高达 1 100℃，深冷分离过程的温度低至 -100℃以下；高压聚乙烯的聚合压力达 350MPa，涤纶原料聚酯的生产压力仅 0.133 ～ 0.266kPa；特别是在减压蒸馏、催化裂化等很多加工过程，物料温度已超过其自燃点。这些苛刻条件，对石化生产设备的制造、维护以及人员素质都提出严格要求，任何一个小的失误就有可能导致灾难性后果。

2. 易燃易爆物质多 石化企业生产中涉及物料主要是石油和天然气，危险性大，发生火灾、爆炸、群死群伤事故概率高。石化生产过程中使用的原材料、辅助材料、半成品和成品，如原油、天然气、汽油、液态烃、乙烯、丙烯等，绝大多数是易燃、可燃物质，以及炼制加工的各种各样的石化产品，均是闪点低、爆炸上下极限较宽的物质，在生产和运输过程中若违反操作规程和安全制度极易形成爆炸性混合物发生燃烧、爆炸（图 1-1）。

爆炸

火灾

中毒

生产作业连续、点多、面广、链长，工艺复杂，使用易燃、易爆、有毒化学品，采用高温、高压、加氢等工艺，易发生火灾、爆炸、中毒等事故。

图 1-1　石化行业职业安全和健康防护重点

烧伤

烧伤一般是指热力，包括热液（水、油等）、蒸气、高温气体、火焰、炽热金属液体或固体等所引起的组织损害，主要指皮肤、黏膜，严重者也可伤及皮下、黏膜下组织，如肌肉、骨、关节甚至内脏等。烫伤是由热液、蒸气等所引起的组织损伤，是热力烧伤的一种。一旦发生烧伤，应迅速脱离致伤源、立即冷疗、判断伤情，估计面积和深度，就近急救和转运。

3. **有毒有害有腐蚀物质多** 石化产品据不完全统计有几千种，无论原料、中间体和副产品，许多物料是高毒和剧毒物质，如苯、甲苯、硫化氢、氰化物、氯、氨、碘甲烷、苯胺、硫酸二甲酯、氯气等，容易造成设备和管道的跑、冒、滴、漏等引发急性化学物质泄漏事故或井喷事故，造成群体性中毒及环境污染事故。石化生产过程中还使用、产生多种强腐蚀性的酸、碱类物质，如硫酸、盐酸、烧碱等，易出现设备、管线腐蚀；一些物料还具有自燃、爆聚特性，如金属有机催化剂、乙烯等。

碱灼伤

碱灼伤皮肤时，在现场立即用大量清水冲洗至皂样物质消失为止，然后可用 1% ～ 2% 醋酸或 3% 硼酸溶液进一步冲洗，立即就医。眼部碱灼伤彻底冲洗后，可用 2% ～ 3% 硼酸液做进一步冲洗，立即就医。

4. **装置大型化规模大连续性强，个别事故影响全局** 石化生产装置多为大型化和单系列，自动化程度高，某部位、某环节发生故障或操作失误，就会牵一发而动全身。石化生产装置大型化发展，单套装置的加工处理能力不断扩大，如常减压装置能力已达 1 000 万吨 / 年，催化裂化装置能力最大为 800 万吨 / 年，乙烯装置能力将达 90 万吨 / 年。装置的大型化将带来系统内危险物料贮存量的上升，增加风险。同时，石化生产过程的连续性强，在一些大型体化装置区，装置之间相互关联，物料互供关系密切，一个装置的产品往往是另一装置的原材料，局部的问题往往会影响到全局。

5. 装置技术密集，发生事故财产损失大 石化装置由于技术复杂、设备制造、安装成本高，装置资本密集，发生事故时损失巨大。据世界石化行业重大事故进行统计分析，发现单套装置的事故直接经济损失惊人。如 1989 年 10 月美国菲利浦斯石油公司得克萨斯工厂发生爆炸，财产损失高达 8.12 亿美元；1998 年英国西方石油公司北海采油平台事故直接经济损失达 3 亿美元；2001 年巴西海上半潜式采油平台事故损失 5 亿多美元。

6. 发生事故时威胁厂外社区安全 石化装置存在较高的火灾、爆炸、有害气体泄漏危险，当发生事故时，对厂外社区影响大。最典型的是 1984 年 12 月印度 BOPAL 毒气泄漏事故，厂区附近 2 500 名居民死亡，25 万人受伤，这次事故的赔偿至今还没有结案。

7. 石化行业废水废气多 在生产中常有较多的废水、废气和废渣排出，如大量超标排放可造成环境污染事故。一旦被化学物质污染，就会引起群体性中毒事故，不仅对企业附近的人群造成危害，水质污染还可以对远离事故现场的下游人群造成损害。有些化学物质如重金属化合物，一旦污染水体治理难度大，对人体不单是中毒伤害，还可以产生致畸、致癌、致突变作用，对饮用该水源的社会人群均有影响，社会影响非常大。

8. 野外流动作业多 石油、天然气勘探开采作业工人常年于露天野外作业，流动性大，可遭受到寒冷、高温、风沙、霜冻、雨雪、高原、沙漠、森林、海域等恶劣自然环境的影响引起的群体性灾害事故，也会受山洪、泥石流、地震、雷击、暴风雪、沙尘暴等自然灾害的伤害，还会因当地传染病、地方病、毒蛇、毒虫、毒植物等侵害以及不良野外饮食、野外饮水等造成传染性疾病、食物中毒、水源性疾病等。因人烟稀少的边远地区，还会受交通、通信、医疗条件的限制，给野外流动作业人员的疾病确诊和施救带来诸多困难。

第二节 石化行业常见的事故类型

从石化行业发生的事故来看，影响较大的事故主要有 3 类：一是易燃易爆物质泄漏引起爆炸，将造成大量人员伤亡和财产损失；二是易燃易爆物质泄漏引发火灾，造成人员伤亡或财产损失；三是有毒物质泄漏造成人员中毒事故。因此，石化行业的安全生产至关重要，需采取多种方式强化安全管理，以减少事故发生。

1. 火灾事故

案例： 黄岛油库特大火灾爆炸事故：1989 年 8 月 12 日 9 时 55 分，胜利输油公司黄岛油库 2.3 万立方米原油储量的 5 号混凝土油罐突然爆炸起火，罐里的原油随着轻油馏分的蒸发燃烧，下午 3 时左右喷溅的油火点燃了相距 5 号油罐 37 米处的 4 号油罐顶部的泄漏油气层，引起爆炸。炸飞的 4 号罐顶混凝土碎块将相邻 30 米处的 1 号、2 号和 3 号金属油罐顶部震裂，造成油气外漏。约 1 分钟后，5 号罐喷溅的油火又先后点燃了 3 号、2 号和 1 号油罐的外漏油气，引起爆燃，整个老罐区陷入一片火海。事故造成 19 人死亡，100 多人受伤，直接经济损失 3 540 万元。大约 600 吨油水在胶州湾海面形成几条十几海里长，几百米宽的污染带，造成胶州湾有史以来最严重的海洋污染。

火灾

火灾是失去控制的燃烧所造成的灾害。发生火灾时，空气中产生高温烈焰和大量的有毒气体，烟雾还会挡住视线，是常见的职业安全和健康生命的主要灾害之一。预防和控制火灾，首先要做好身边岗位的火灾危险性分析，熟悉各个单元操作防火防爆安全设施和灭火设施、初期火灾的扑救和紧急情况的处置方法。一旦发生火灾，首先要保持头脑冷静，判断火灾类型，不要惊慌失措，科学应对。

2. 爆炸事故

案例：兰州石化分公司“1·7”爆炸火灾事故：2010年1月7日17时24分，兰州石化分公司316号罐区因轻烃泄漏发生爆炸火灾事故，之后又接连发生数次爆炸，爆炸导致316号罐区四个区域引发大火，造成6人死亡、6人受伤（其中1人重伤）。

爆炸

爆炸可在极短时间内，释放出大量能量，可产生高温，并放出大量气体，在周围介质中造成高压的化学反应或状态变化，同时破坏性极强。一旦发生爆炸，应立即卧倒，趴在地面不要动，或手抱头部迅速蹲下，或借助其他物品掩护，迅速就近找掩蔽体掩护。爆炸引起火灾，烟雾弥漫时，要做适当防护，尽量不要吸入烟尘，防止灼伤呼吸道；尽可能将身体压低，手脚触地爬到安全处；立即打电话报警，如遇伤害，拨打救援电话求助或就近医院救治，尽力帮助伤者，将伤者送到安全地方，或帮助止血，等待救援机构专业人员到场；撤离现场时应尽量保持镇静，避免乱跑，防止再度引起恐慌，增加人员伤亡。

3. 化学物质泄漏事故

案例： 印度异氰酸甲酯泄漏事故：1984 年 12 月 3 日，印度中央邦首府博帕尔联碳公司农药厂异氰酸甲酯泄漏事故，使 4 000 名居民中毒死亡，250 000 人深受其害，是世界工业史上的惨案。

中毒

化学毒物一旦进入机体，可引起人体发生暂时或永久性损害的过程，可表现为急性中毒、亚急性中毒、慢性中毒等。急性中毒时，通常起病突然，病情发展快，可以很快危及患者生命，必须尽快甄别并采取紧急救治措施。化学毒物可以经呼吸道、皮肤、黏膜、消化道等进入体内。一旦发生急性中毒，不可贸然进入中毒现场，首先保护好自己，佩戴好个体防护用品，迅速将患者脱离中毒环境，减少毒物吸收及加速毒物排出，并保持患者呼吸道通畅；对昏迷者应采取稳定侧卧位，防止发生窒息，对心脏和呼吸骤停患者立即实施心肺复苏。

4. 井喷事故

案例： 重庆开县天然气井井喷特大事故：2003 年 12 月 23 日，位于重庆开县的一口天然气井发生井喷特大事故，富含硫化氢的天然气从钻井喷出高达 30 米，失控的有毒气体随空气迅速扩散，导致在短时间内发生大面积灾害。事故造成 243 人死亡、4 000 多人受伤，疏散转移 6 万多人，9 万多人受灾。

案例： 墨西哥湾 BP 海上钻井平台井喷着火事故：当地时间 2010 年 4 月 20 日 22:00 左右，BP 公司位于墨西哥湾的深水地平线钻井平台 01 井发生井喷着火事故，造成 11 人死亡，17 人受伤，大面积海域受到严重污染。

硫化氢

硫化氢是强烈的神经毒物，具有臭鸡蛋味的气体，对黏膜有强烈刺激作用。低浓度时，对呼吸道及眼的局部刺激作用明显；浓度越高，全身性作用越明显，表现为中枢神经系统症状和窒息症状。轻度中毒时，较低浓度引起眼结膜及上呼吸道刺激症状，有畏光、流泪、眼刺痛、异物感、流涕、鼻及咽喉灼热感。中度中毒时，出现中枢神经系统症状，有头痛、头晕、全身乏力、呕吐、共济失调等。重度中毒时，可因呼吸麻痹，发生“电击样”中毒而死亡。作业中，有硫化氢溢出的生产设备应加强密闭化生产，采取充分的局部排风和全面通风。作业场所设置警示标识、警示线、告知卡，设置风向标，提供安全淋浴和洗眼设备。在有可能出现硫化氢泄漏的作业场所安装自动报警器。进入有限空间或其他高浓度区作业，应佩戴合适的防毒面具，佩戴便携式硫化氢报警仪，同时有人监护。应急处置时，应使用空气呼吸器、防护眼镜、防静电工作服、防化学品手套等。

5. 环境污染事故

案例：吉林石化公司双苯厂爆炸事故引起的松花江水环境污染：2005 年 11 月 13 日，吉林石化公司双苯厂发生爆炸，共造成 5 人死亡、1 人失踪、60 多人受伤。爆炸还造成约 100 吨苯类物质流入松花江，造成江水严重污染，沿岸数百万居民的生活受到影响。

6. 其他事故 自然灾害事故对石化企业危害，如当地的雷电、洪汛、强风、地震、滑坡及泥石流对油田、石化生产装置产业的危害，另境外企业员工受到恐怖事件的影响也不能忽视。

案例：大庆石油管理局钻探集团物探公司，2006 年 5 月 25 日发生一起因食品被大肠埃希氏菌感染致集体食物中毒事件，47 人住院治疗。

食物中毒

患者所进食物被细菌或细菌毒素污染，或食物含有毒素而引起中毒，可分为细菌性、真菌性、化学性和有毒动植物等类型。通常进食后几十分钟或几小时突然发病，以恶心、呕吐、腹痛、腹泻等症状为主，如不及时急救，病情会急剧恶化。预防食物中毒要做到不吃变质腐烂的食品、不吃被有害化学物质或放射性物质污染的食品、不生吃海鲜河鲜肉类等、不食用病死的禽畜肉，生熟食品分开放置，饭前便后洗手，避免昆虫和鼠类以及其他动物接触食物，使用符合卫生要求的饮用水等。

第三节 改善石化行业职业安全与健康防护的建议

1. 抓好职业安全与健康防护制度建设和落实 石化行业应严格遵照国家有关法律法规，建立健全覆盖石化生产管理全过程的安全管理制度，并通过制度的建立和落实，确保安全生产（图 1–2）。

2. 重视隐患治理加大对安全生产的投入 对建设时间较早的装置和厂区存在的安全隐患进行治理，按照现行的设计标准对装置进行评价和风险评估。在此基础上，制订隐患治理计划，抓好罐区隐患、消防系统隐患、设备隐患及安全间距不够、装置安全设施配备不足等隐患的治理。在治理隐患同时，要引入新型安全装备和技术，如关键装置配备带有智能化自诊断和冗余容错技术的故障安全控制系统（fail control system，FSC）、液化烃储罐安装遥控切断阀等。

3. 坚持开展职业安全与健康防护检查 通过定期或不定期检

安全生产管理制度是根据劳动保护的法令、法规等而制定，包括特种作业人员管理、安全检查和隐患排查治理、重大危险源评估和安全管理、防火、防爆、防中毒、防泄漏及危险化学品安全管理、劳动防护用品使用维护管理与职业危害防治制度和操作规程等。

图 1–2　遵守安全生产管理制度

查，检查装置的职业安全与健康防护状况和各项制度、规定等的执行情况，及早发现问题、解决问题。可根据石化行业特点，组织年度大检查，检查应深入到生产车间（装置、作业队）、油库和加油站，面对面地对干部、员工进行现场安全生产知识提问和防护器材的使用考核，以真正达到检查效果。还要结合季节特点，组织专项安全检查，如防雷、防静电检查，节假日节前安全检查。对石油石化企业的关键生产装置和要害部位，应建立职业安全与健康检查报告制度（图 1–3）。

现场安全检查是贯彻落实安全生产管理方针的重要手段，也是发现事故隐患、堵塞事故漏洞、强化安全管理、做好安全生产的重要措施。

图 1–3　做好现场安全检查和监督管理

4. 加强安全教育培训　为提高全社会的安全意识和安全技能，要延伸安全教育的范围。一是在地域上安全教育要从厂区延伸到厂区外的相邻社区；二是在时间上从工厂延伸到学校，从就业阶段延伸到学习阶段，使员工在接受知识阶段就能认识安全生产的重要性，掌握基本的安全技能，为走上工作岗位甚至是领导岗位打下良好的安全基础；三是在生产过程中坚持开展安全意识的养成教育和安全知识技能教育，并全面实行安全教育培训合格后持证上岗制，以提高全员的安全意识和安全技能，规范作业行为，防止和避免人为失误。安全教育应包括企业领导干部、安全管理干部、技术人员、一线生产作业人员、特殊工种作业人员、外来施工人员的安全教育培训，以及日常班组安全活动等（图 1–4）。

采取职业健康安全日常教育，包括思想教育、职业健康安全技术知识与技能教育及典型事故教育等。

图 1–4　加强职业健康安全日常教育

5. 开展危害识别和安全风险评价　要控制危险，必须先了解危险，对现有生产装置、设备进行危害识别和安全风险评价，确定装置的风险等级，找出问题和差距，制订整改措施和计划，为隐患治理、提高装置本质安全性提供指导，这是查清危险点、消除隐患的一种行之有效的好方法。

6. 制定事故预案　石化行业生产过程中，除了会发生人身伤害（如高处坠落、机械伤害、触电、交通事故）等事故外，由于行业性质决定，如石油石化生产过程中发生的火灾、爆炸、有毒有害物料大量泄漏等是性质最严重的事故，因此，应将石化行业的安全管理作为重点，制订事故应急处理预案等。由于石化行业发生火灾、爆炸和有毒有害物质泄漏可能会对企业周边社会产生影响和危害，因此，建立有效的应急救援系统是防止事故灾害蔓延和减缓事故后果的有力措施。

小贴士 8

职业病

职业病是用人单位的劳动者在职业活动中，因接触粉尘、放射性物质和其他有毒、有害物质等因素而引起的疾病。各个国家根据其社会制度、经济条件和诊断技术水平，以法规形式规定的职业病，称为法定职业病。我国根据2013年12月23日修订的《职业病分类和目录》包括十大类，132种职业病：尘肺13种和其他呼吸系统疾病6种；职业性放射性疾病11种；职业性化学中毒60种；物理因素所致职业病7种；职业性传染病5种；职业性皮肤病9种；职业性眼病3种；职业性耳鼻喉口腔疾病4种；职业性肿瘤11种；其他职业病3种。通过从根本上采取消除和控制职业病危害因素，防止职业病的发生以及早期发现、早期诊断、早期治疗防止病损的发展和患者康复治疗等三级原则预防职业病。

第二章 施工安全与健康防护

石化企业建设施工包括石油、油气、化工、储运等工程建设的过程，通常分为生产装置的新建、改建、扩建和检修等四种工程建设。生产装置在基建施工完成后要进行试车、试运行等一系列作业，包括设计漏项、查工程质量、查工程隐患，以确保联动试车、投料试车成功等。生产装置建设施工过程和建成后试运行过程中存在可能造成人员伤害或财产损失的风险，容易发生触电、火灾及爆炸、高处坠落、起重伤害、坍塌、机械伤害、车辆伤害、物体打击、中毒与窒息、淹溺、其他伤害等安全生产事故，还可受到高温、低温、噪声以及粉尘、毒物等导致的职业性损伤。

第一节 建筑工程与安装工程建设

一、建筑工程

1. 基础工程和现场临建施工 正式开工前，通常施工现场需要供水、供电、道路及通讯配套和场地平整等施工，以保障和服务施工任务完成，包括用于临时办公与生活或作业的房屋、仓库、加工场地、消防设施及用电设施等。在施工过程中，要注意防范发生高处坠落、吊装物料过程中的脱钩砸人、钢丝绳断裂抽人、移动吊物撞人、滑车砸人、起重机倾翻、坠落和误触高压线伤人等起重伤害，严防不受控物体击打人体造成的物体打击，气瓶泄漏或焊接切割等动火引燃可燃材料发生的火灾和爆炸，以及触电等人身意外身亡事故。

小贴士 9

高处坠落

高处坠落发生在坠落高度基准面2米以上（含2米）的高处作业事故。事故类型可分为临边作业、洞口作业、攀登作业、悬空作业、操作平台作业、交叉作业、高处坠落等。高处坠落事故抢救的重点放在对休克、骨折和出血上进行处理。要加强安全自我保护意识教育，强化安全防护用品的使用和监督管理。

2. 施工材料准备和大型设备运输　施工材料准备时，物料装卸及运输尽可能用机械，不能采用人工方法；易燃、易爆油料等危险化学品的装卸、运输、存储，现场要严禁烟火，轻搬轻放，不撞击摔碰，并要做好防静电保护；装卸腐蚀、有毒有害物品及粉尘材料时，作业人员要穿戴好个体防护用品，重点保护好头面部、手部及皮肤等，防止灼伤、过敏、中毒窒息、尘肺病或其他化学伤害。大型设备运输时注意防控道路交通事故、重车压塌路桥、损坏隧道或超速翻车等。要提前做好沿途道路、桥涵的承载力、尺寸复核，排除桥涵、管廊、管架、涵洞、架空电线等障碍。要防止司机酒驾、毒驾及疲劳驾驶，心理要健康等（图 2–1）。

大件设备运输在车上要放正、垫稳、封牢，轻搬轻放，不撞击摔碰，做好警示标志。

图 2–1　大型设备运输安全

窒息

窒息性气体被机体吸入后，可使氧的供给、摄取、运输和利用发生障碍，使全身组织细胞得不到或不能利用氧，从而导致组织细胞缺氧窒息。氮气、甲烷、二氧化碳等气体本身毒性很低或属惰性气体，但因其在空气中含量高，使氧的相对含量大大降低，致动脉血氧分压下降，导致机体单纯性缺氧窒息；一氧化碳、氰化物和硫化氢等化学性窒息性气体主要能对血液或组织产生特殊化学作用，使氧的运送和组织利用氧的功能发生障碍，造成全身组织缺氧，引起严重中毒表现。发生窒息，要尽快使患者脱离中毒环境，移至安全的地方。一旦发现患者出现呼吸、心脏停搏，立即给予心肺复苏，积极纠正和治疗脑水肿及其他缺氧性损伤，防治各种严重的并发症。

3．施工现场检测　施工现场使用激光经纬仪、红外线测距仪、全站仪等进行施工测量。在使用测量仪器时，不能对人照射，检验人员穿戴适宜的个体防护用品；取样或光谱分析时，不能直接在装有易燃、易爆物品的容器和管道上操作，要注意防止物料伤人；不能用手拿取化学药品和危险性物质；易制毒等化学品要“双人双锁”管理；拉伸、弯曲、抗压试验以及冲击试验时，要防止试样或零件崩出伤人；金相腐蚀、电解的操作室应通风排毒；冲击电流磁化作业，要防止高电压触电伤人（图 2–2）。

人体触电后，电流可直接流过人体的心脏、呼吸和中枢神经系统等器官，导致功能紊乱。发生触电，要立即使触电者脱离电源：①就近迅速切断电源；②用绝缘柄的利器切断电源线；③用木棒、竹竿等绝缘体拨开电线等。发现触电者呼吸和心跳停止，应立即进行心肺复苏抢救。

图 2–2　触电急救

4. 现场施工　通常容易受到自然环境条件的影响。在较为恶劣的自然环境下进行现场施工作业，应加强相应的安全和健康保护的预防措施。冬季要按冬季施工方案进行施工；夏季做好防暑、防洪、防雷、防汛等预防措施。在雨、雪、雾霾、大风等恶劣的环境下，结合施工现场的实际情况，必要时停止作业。在恢复施工前必须进行现场安全检查，重点是落地式钢管脚手架、临时用电、深基坑、塔吊等设备设施，对现场作业前进行风控及安全措施落实。

5. 现场生活区与办公区　施工现场生活区与办公区防护的重点是火灾和触电，还要做好预防食物中毒、防暑降温和防寒保暖以及卫生防疫等。现场生活区域、办公区一般实行封闭管理。宿舍严禁设在未完工建筑中，不允许私拉乱接电线、改装电路和擅自拆装电器设施，不允许随意挪动消防灭火器材和堵塞消防通道。要杜绝食用过期发霉变质的食物，定期进行健康监测；夏季多饮水，备藿香正气等防暑降温药品。一旦发生中暑中毒等症状，及时送医治疗。

二、土建工程施工

1. 地基处理及大型设备的基础浇灌浇筑 厂房土石方开挖与回填、基坑支护与降排水、绑钢筋与浇混凝土等地基处理施工，通常使用多种挖掘机、推土机、装载机、夯实机、打桩机、混凝土机械、钻孔机械、水工机械、起重机以及运输车辆等大型机械设备。施工作业时，人机交叉作业多，施工单位及工人须重点防范机械伤害、车辆伤害、物体打击、基坑坍塌、高处坠落、触电等风险。施工作业中，一旦发现基坑有超限位移、裂缝、沉陷、隆起、涌水等异常情况，应立即停工并撤离。配合机械作业时，人要在安全区域内。浇筑混凝土时，卸料人员不能在料斗内清理残物，防止料斗坠落伤人（图 2–3）。

机械伤害是由碰撞、剪切、卷入、绞、碾、割、刺等形式的伤害，各类转动机械的外露传动部分（如齿轮、轴、履带等）引起的伤害。

图 2–3　当心机械伤害

日射病

日射病是人体在强烈阳光下，除周围环境高温作用外，还受到日光照射，引起的人体体温调节功能失调，体内热量过度积蓄，使中枢神经系统受到损害，引起人体病变。通常起病急骤，先有头痛、头晕、耳鸣等症状，而后出现恶心呕吐、皮肤发红、剧烈口渴、尿频、尿量增多、脉搏快速而微弱等症状。患者体温不一定升高，但头部温度显著增高。遇到高温天气，一旦出现大汗淋漓、神志恍惚时，要注意降温。如高温下发生出现昏迷的现象，应立即将昏迷人员转移至通风阴凉处，冷水反复擦拭皮肤，并要持续监测体温变化；发生高温持续，应马上送至医院进行治疗。

2. 柱梁的浇筑及吊装 厂房柱梁的浇筑及吊装施工，包括绑钢筋、支模板、浇混凝土、钢结构或预制件吊装等，现场主要使用钢筋加工机械、木工机械、混凝土机械和起重机械等。拆除模板作业时要按先支后拆、先侧模后底模、先非承重后承重顺序，防止坍塌伤人。作业人员须防范机械伤害、起重伤害、物体打击、高处坠落、坍塌、触电等风险，同时对涉及焊接烟尘、电焊弧光、振动、噪声等危害因素导致的尘肺、电光性眼炎、手臂振动病、噪声聋等职业病，要穿戴有效的防护用品，如防尘口罩、护目镜、耳罩或耳塞等。

小贴士
12

电光性眼炎

电光性眼炎是因眼睛的角膜上皮细胞和结膜吸收大量而强烈的紫外线所引起的急性炎症，可由于防护不当而接受强烈紫外线的照射所致。潜伏期6～8小时，两眼突发烧灼感和剧痛，伴畏光、流泪、眼睑痉挛，头痛，眼睑及面部皮肤潮红和灼痛感，眼裂部结膜充血、水肿。发病急剧，有明显的异物感，轻者自觉眼内沙涩不适，灼热疼痛；重者疼痛剧烈，畏光羞明，眼睑紧闭难睁，视物模糊，眼睑红肿或有小泡，或有出血点，检查可见呈弥漫浅层点状着色，瞳孔缩小，眼睑皮肤呈现红色；重复照射者可引起慢性睑缘炎、结膜炎、角膜炎，造成严重的视力障碍。作业时，需穿戴好个体防护用品。

3. 砌筑和砌炉施工 厂房砌筑和砌炉施工时，要用吊笼吊装砌体；用料斗吊砂浆时，不得装得过满。在脚手架、操作平台上码放耐火砖或其他材料时，平铺码放，高度不宜过高、不集中、分散码放，防止因承载力过大压塌平台；同一平面上下交叉作业时，要有安全隔离层，防止高处坠物；砌体顶上不能站人；高处砍砖时朝向墙面侧，不得对着他人或朝向外侧。重点防范高处坠落、物体打击、起重伤害、机械伤害、触电、火灾及坍塌等事故发生。作业人员须戴安全帽或防尘帽、系安全带、穿长袖工作服、戴防尘口罩及护目镜。

小贴士 13

物体打击

物体打击由失控的物体在惯性力或重力等其他外力的作用下产生运动，打击人体而造成人身伤亡事故。物体打击会对建设施工人员的人身安全造成威胁、伤害，甚至死亡。在施工周期短，人员密集、施工机具多、物料投入较多，交叉作业多时，极易发生对人身的物体打击伤害。一旦发生物体打击事故，首先要高声呼救、报告，马上组织抢救伤者，观察伤者受伤情况、部位，尽可能不要移动患者，尽量当场施救；抢救处理的重点放在颅脑损伤、胸部骨折和出血上。

4. 烟囱施工　烟囱施工时，要划定施工危险区并设警戒标志。吊笼升降时，有专人指挥和操作；升至作业平台时，吊笼安全固定后才能卸物料。人工垂直传递物料时，上下操作人员错开站立，不得上下抛掷。要重点防范高处坠落、物体打击、起重伤害、坍塌等事故发生。登高作业人员要穿戴安全帽、安全带、防滑鞋，安全带高挂低用等。

小贴士 14

起重伤害

起重伤害通常是在进行起重作业（包括吊运、安装、检修、试验）中发生的重物（包括吊具、吊重或吊臂）坠落、夹挤、物体打击、起重机倾翻等伤害事故。通常因脱钩砸人、钢丝绳断裂抽人、移动吊物撞人、钢丝绳刮人、滑车砸人以及倾翻事故、坠落事故、提升设备过卷事故、起重设备误触高压线或感应带电体触电等，而导致起重伤害的发生。作业前和作业中，各岗位作业人员应正确使用劳动防护用品，落实各项防范措施；一旦发生人身伤害事故，立即采取现场急救措施（图 2–4）。

现场急救是早期抢救伤病员的科学自救、互救的重要手段，目的是维持、抢救伤病员的生命，改善病情，减轻病员痛苦。

现场急救措施包括人工呼吸、心脏复苏、止血、创伤包扎、骨折临时固定和伤员搬运等。

图 2–4　现场急救措施

5. 管廊架施工　管廊架施工作业用大锤、手锤及钻孔时不得戴手套，并系好衣扣、扎紧袖口；除锈及喷涂作业时佩戴面罩、护目镜；施工中要防范起重伤害、物体打击、高处坠落、机械伤害、触电、坍塌等风险，以及电焊烟尘、弧光、焊缝检测辐射等职业性伤害，须佩戴防尘口罩、护目镜等防护用品。

小贴士 15

机械伤害

机械伤害是因机械设备运动或静止、部件、工具、加工件直接与人体接触引起的挤压、碰撞、冲击、剪切、卷入、绞绕、甩出、切割、切断、刺扎等，造成的人体伤害，乃至身亡。机械的不安全状态，如机器的安全防护设施不完善，以及通风、防毒、防尘、照明、防震、防噪声、气象条件及安全卫生设施缺乏等均能诱发事故。作业时，要正确使用劳动防护用品，严格落实各项防护措施。一旦发生人身伤害事故，立即采取现场急救措施。

三、安装工程施工

1. 大型设备吊装　大型设备吊装施工时，防止吊装机械支腿不稳、超载引起倾覆。物件吊装或固定时，尽量用其自有的吊点或绑扎点；对于薄弱部位垫方木加固。在多机吊装时，主副指挥要协调一致，同步吊装（图 2-5）。铲基础麻面时，面部要进行防护。在取放垫铁时，手指应在垫铁的两侧。清洗零部件时，不能使用汽油或酒精等易燃物，防止火灾和爆炸。要重点防范起重伤害、机械伤害、物体打击和其他伤害等事故发生。

2. 球罐及储罐的施工　球罐及储罐施工包括对球罐散片、储罐成型板的焊接及对球罐及储罐试压、气密试验等。施工中，重点防范焊接时产生的电焊烟尘、紫外线、红外线、臭氧、一氧化碳、

吊装作业需持有特种作业证，应编制吊装施工方案，夜间应有足够的照明，还要注意室外作业遇到大雪、暴雨、大雾以及6级以上大风时，应停止作业。

图 2-5　吊装作业安全

氮氧化物、高温等职业病危害因素，可引起电焊工尘肺、金属烟热、化学中毒、电光性眼炎、中暑等。焊工要佩戴防尘毒面罩、护目镜、热辐射防护服。在容器内气刨作业时，为防止噪声性耳聋，须戴耳罩或耳塞。此外，还有防高处坠落、中毒和窒息、触电、火灾、气瓶爆炸、机械伤害、物体打击和起重伤害等。涉及有限空间作业时，一定要先通风、再检测、合格后方可进入作业。

氮氧化物

氮氧化物是常见的刺激性气体之一。急性氮氧化物中毒是以呼吸系统急性损害为主的全身性疾病。轻者表现为胸闷、咳嗽、伴轻度头晕、心悸、恶心、乏力等症状，眼结膜和鼻咽部轻度充血；较重者出现呼吸困难，胸部压迫感，咳嗽加剧，可痰中带血丝，常伴有较重的头痛、无力、恶心等；严重中毒时，患者不能平卧，呼吸窘迫，剧烈咳嗽，咳出大量白色或粉红色泡沫痰，可发生窒息或昏迷。长期接触低浓度的氮氧化物，可引起支气管炎和肺气肿。

金属烟热

金属烟热是急性职业病，是吸入金屑加热过程释放出的大量新生成的金屑氧化物粒子而引起的。临床表现为流感样发热，有发冷、发热以及呼吸系统症状，以典型性骤起体温升高和白细胞数增多等为主的全身性疾病。焊接、切割作业时，应加强通风换气，操作者应戴送风面罩或防尘面罩，并缩短工作时间。

3. 管道铺设 管路铺设中沙软土质管沟要支护、放坡或采取加固措施防坍塌，并设上下通道。吊管下沟前，应将管内杂物清理干净，重物下方不得有人，管道就位固定牢固后才能摘钩。穿管作业、压力试验或射线无损检测时，人员应在辐射控制区外操作，设警戒隔离带和禁止标牌，专人警戒。施工中要防范起重伤害、土方坍塌、气瓶或压力容器爆炸、物体打击、车辆伤害、机械伤害、高处坠落、触电、火灾、中毒和窒息等事故发生。噪声、高温、粉尘等危害因素，可引起噪声聋、中暑、尘肺病等，作业人员要戴护耳器、热辐射防护服、防尘口罩等防护用品。

坍塌

坍塌事故多由于物体在外力和重力的作用下，超过自身极限强度，结构稳定失衡塌落而造成物体高处坠落、物体打击、挤压伤害及窒息的事故，包括土方坍塌、脚手架坍塌、模板坍塌、拆除工程地坍塌、建筑物坍塌等。发生坍塌人身伤害事故，应立即扒土，抢救伤员并密切注意伤员情况，防止二次受伤，并采取临时支撑措施，防止因二次塌方伤害抢救者或加重事故后果。

4. 机泵安装 机泵装配或拆装作业时，不能把手插入接合面或探摸螺孔，以防挤手。安装调整翻转压缩机、汽轮机上盖时，防止摆动和冲击伤人。煤油渗漏试验或机泵清洗时，禁止烟火。装配加热零部件时，防止烫伤。施工中主要防范机械伤害、起重伤害、物体打击、触电、火灾及其他伤害。作业时人员要戴好安全帽，穿具有防砸、防穿刺及防滑倒功能的安全鞋。

5. 电气设备安装及调校 电气试验或通电调试时，作业人员应戴好防护眼镜、绝缘手套，穿绝缘鞋，使用验电器、操作棒等专用工具作业。突发雷雨时，应停止高压试验。临时用电设备采取“一机一闸一保护”。作业时要先切断电源，隔离锁定并悬挂警示牌。施工中，重点防范触电、电气灼伤、火灾及爆炸、高处坠落、物体打击等事故发生。预防噪声、高温、电磁辐射等可能引起的噪声聋、中暑等职业病。

6. 仪表设备安装及调校 搬运仪表设备时防止倾倒伤人；带压或内部有物料的设备、管道上，不得拆装仪表一次元件；高温、蒸汽系统上作业，要防烫伤；仪表校验时，不带电接线，远离放射源。施工中重点防范物体打击、高处坠落、电离辐射伤害、烫伤、触电、火灾及压力容器爆炸等。

7. 保温防腐施工 保温防腐施工作业时，粉尘作业场所应有通风设施。涉及有限空间内作业时，应先通风、再检测，检测合格后方可进入操作。作业时，采取佩戴防切割手套等措施，防止伤手。施工中重点防范机械伤害、高处坠落、火灾、起重伤害、物体打击、触电等事故发生以及粉尘危害、中毒和窒息等风险；作业人员应穿戴好面罩（口罩）、防护服、防护手套等防护用品，衣袖、裤脚、领口应扎紧。

第二节 生产装置试运行

一、单机试运行

单机试运行是在设备及管道系统安装完成后，为试车所做的静止设备和管道系统的试压试漏、冲洗吹扫、化学清洗、烘炉、电气和仪表系统的调试、传动设备单机试车等系统调试、清洗和机械电气性能实验等准备活动。

1. 试压和试漏 通过试压试漏来检验施工质量，包括对管道的焊接点、阀门以及法兰连接处进行的压力和密闭性试验。压力容器和管道在试压时一般使用的介质为水，禁止采用有危险的液体，设计中没有特别要求一律禁止采用气体试压。常压设备和管道试漏可先以空气或蒸汽做介质，再以液体做介质进行检查。在试压和试漏过程中，要特别注意防范压力容器爆炸、触电、机械伤害、高处坠落等，以及有限空间作业导致的窒息、夏季露天作业导致的中暑、设备运转产生的噪声危害和油品引发的火灾等。

小贴士 19

密闭空间

密闭空间多见于各种设备内部（炉、塔釜、罐、仓、池、槽车、管道、烟道等）和下水道、沟、坑、井、池、阀门间、污水处理设施等场所以及半封闭的设施及场所（密闭容器、长期不用的设施或通风不畅的场所等）。密闭空间作业涉及的领域广、行业多，作业环境复杂，通常空间狭小、通风不良、容易形成有毒有害气体积聚和缺氧环境，发生安全事故，造成严重后果；作业人员遇险时施救难度大，盲目施救或救援方法不当，又容易造成伤亡扩大。作业人员在进入密闭空间前，

必须严格遵守密闭空间作业各项工作制度和程序，正确配备和使用个体防护用品和装备，落实好安全防护措施（图 2–6）。

密闭空间是封闭或者部分封闭，与外界相对隔离，出入口较为狭窄，作业人员不能长时间在内工作，自然通风不良，易造成有毒有害、易燃易爆物质积聚或者氧含量不足的空间。

图 2–6　密闭空间，非测勿进

2. 清洗吹扫　新建装置开工前，要对全部设备和管线彻底清洗吹扫，清除管道和设备在制造及安装过程中残留的焊渣、铁锈、灰尘等外来杂物，防止管道和设备的堵塞。通常处理液体管线用水清洗，气体管线使用空气或氮气吹扫，蒸汽管道除外。吹扫清洗常用方法：用水冲洗去除泥沙、灰尘，碱洗去除油脂和碱溶物，酸洗去除氧化鳞皮和锈垢，使用空气、氮气或蒸汽对管道进行吹扫等。清洗吹扫作业生产主要危险是有限空间作业导致的窒息、夏季露天作业导致的中暑、设备运转产生的噪声危害、蒸汽吹扫导致的烫伤，化学清洗钝化因使用酸碱等药剂导致的职业中毒和皮肤损伤（化学灼伤）以及机械伤害、高处坠落、触电等，需做好安全防护措施的落实，并穿戴好有效的个人防护用品。

化学灼伤

化学灼伤是化学物质直接作用于身体，引起局部皮肤组织损伤，并通过受损的皮肤组织导致全身病理生理改变，甚至伴有化学性中毒的病理过程。化学灼伤程度与化学物质的性质、接触时间、接触部位等有关。引起化学灼伤的常见物质有硫酸、铬酸、硝酸、氢氧化钠、氢氧化铵、乙醇胺、甲基胺等。一旦发生化学灼伤，应迅速脱离现场，脱去或剪去污染的衣服，创面立即用大量流动清水或自来水冲洗或用其他方法去除污染物，冲洗时间一般为 20 ～ 30 分钟，以充分去除及稀释化学物质，阻止化学物质继续损伤皮肤和经皮肤吸收，并及时送医院救治等（图 2-7）。

化学物质可直接作用于身体，引起皮肤局部损伤，并通过受损的皮肤组织导致全身改变，甚至伴有化学性中毒。

图 2-7　警惕化学灼伤

3. 电气和仪表系统的调试　高低压变配电系统、照明系统、发电机、电动机等电气系统和电气设备以及控制系统、报警系统等各类仪表应用广泛，应进行调试，确保其稳定运行。电气系统和仪表系统调试作业生产主要是噪声危害、触电、机械伤害、高处坠落等安全风险，必须穿戴好耳塞、绝缘手套、安全带等，有效防止安全事故和职业性损伤。

4. 单机试车 单机试车是空载对现场安装的单台设备、机组实施规定的运转测试，以检验除受工艺介质影响外的安装质量、机械性能、可靠性及安全性，保证投料试车的顺利成功。单机试车作业生产主要危险是易燃介质和/或油品燃料导致的火灾、夏季露天作业导致的中暑、设备运转产生的噪声危害，酸碱导致的化学灼伤以及触电、机械伤害、高处坠落等。

小贴士 21

强酸灼伤

硫酸、盐酸、硝酸等都具有强烈的刺激性和腐蚀作用。被灼伤后应立即用大量流动清水冲洗，冲洗时间至少在 15 分钟。彻底冲洗后，可用 2% ～ 5% 碳酸氢钠溶液、淡石灰水、肥皂水等进行中和，立即送医院治疗。强酸溅入眼睛时，在现场立即就近用大量清水或生理盐水彻底冲洗。冲洗时间应至少在 15 分钟，立即送眼科进行治疗。

5. 烘炉 对新安装的各种加热炉的炉墙进行缓慢烘热，使炉墙中的水分缓慢逸出，达到一定的干燥程度，确保炉墙的热态运行质量。常用的烘炉方法有火焰烘炉法和蒸汽烘炉法。烘炉作业生产主要危险是烘炉加热过程产生的高温及点火后回火伤人、夏季露天作业导致的中暑、设备运转产生的噪声危害、油品燃料导致的火灾等。

二、联动试车

联动试车是对规定范围内的设备、管道、电气和自动控制系统，在完成预试车后用水、空气或其他安全介质所进行的模拟试运行及对系统进行的测试、整定等活动。冷试车即在模拟工况下的试验运行及调整（水运、油运、气或汽运、冷运、热运等），最终扩大到多个系统、全装置、全项目。冷试车活动主要包括模拟运行，蒸汽发生器的煮炉，催化剂、分子筛、树脂、干燥剂和附属填充物的装填，以及工艺系统气密性试验。

1．单元或系统模拟运行与钝化　单元或系统在具备条件下、试车方案获得批准后才能进行模拟运行。首先进行的是干联运，空运转。冷试车阶段的钝化涉及某个单元或系统，即对单元或系统的管道和设备在模拟运行合格后进行钝化，包含酸洗和钝化两部分。冷试车作业生产主要危险是油品燃料导致的火灾、爆炸、辐射、尘毒危害、高处坠落、设备运转产生的噪声损伤，以及触电、机械伤害、夏季露天作业导致的中暑等（图 2–8）。必须做到消防器材、气体防护器材、可燃气体报警系统、放射性物质防护、尘毒监测等设施完善、状态完好。

中暑分为先兆中暑、轻症中暑和重症中暑。预防措施：改善高温作业条件，加强隔热、通风、遮阳等降温措施，供给含盐清凉饮料；加强体育锻炼，增强个人体质；宣传防暑保健知识，教育工人遵守高温作业的安全规则和保健制度，合理安排劳动和休息。

图 2–8　高温天气预防中暑

2．煮炉　蒸汽发生器在使用前进行煮炉的目的是为清除蒸汽发生器内部的杂质油垢，一般使用纯碱（Na_2CO_3）或磷酸三钠（Na_3PO_4）等化学药品。煮炉作业生产主要危险是高温作业导致的中暑、设备运转产生的噪声危害、油品燃料导致的火灾、药液导致的皮肤眼睛损伤等，以及触电、机械伤害、高处坠落等。

3. 三剂装填 装置在系统模拟运行结束后可进行催化剂、分子筛、树脂、干燥剂等物料的装填，物料种类、成分、形态、理化特性等存在不同的危害。装填作业生产要防范物料产生的粉尘、有限空间作业导致的窒息、夏季露天作业导致的中暑、设备运转产生的噪声危害以及机械伤害、高处坠落等。

4. 系统气密性试验 生产装置各工艺系统在各类填料装填完成后、热试车之前，根据系统介质或压力等级要分别进行气密性试验。工作中要防范有限空间作业导致的窒息、夏季露天作业导致的中暑、设备运转产生的噪声危害以及机械伤害、高处坠落等。

5. 水运及油运 以水为介质进行水运联运试车，以溶剂为介质进行油运联运试车，以气体或蒸汽为介质进行气 / 汽运联运试车。联运试车作业生产主要防范燃料油品导致的火灾、爆炸、尘毒危害、设备运转产生的噪声危害、高温中暑以及机械伤害、高处坠落等。

三、投料试车

对建成的项目装置按设计规定引入真实工艺物料，进行各装置之间首尾衔接的实验操作，打通生产流程并生产出产品。在投料试车阶段，根据生产装置使用的原辅材料、工艺设备，尤其是化学类物料差异，要防范化学物料导致的中毒、设备运转产生的噪声危害、高温作业导致的中暑、油品燃料导致的火灾、爆炸以及触电、机械伤害、高处坠落等。

小贴士 22

有限空间

有限空间与外界相对隔离，进出口受限，自然通风不良，足够容纳一人进入并从事非常规、非连续作业。有限空间，如炉、塔、釜、罐、槽车以及管道、烟道、隧道、下水道、沟、坑、井、池、涵洞、船舱（船舶燃油舱、燃油柜、锅炉内部、主机扫气道、罐体、容器等封闭空间和大舱）、地下仓库、储藏室等，分为无需准入有限空间和需要准入有限空间。有限空间作业是高风险作业，作业场所可能存在有硫化氢、一氧化碳等有毒有害气体及氮气、甲烷等导致缺氧的化学物质；在某些有限空间作业场所还存在可燃性气体、可燃性粉尘等多种危害因素。有限空间狭小，通风不畅，不利于气体扩散。有毒有害气体，容易积聚，一段时间后会形成较高浓度的有毒有害气体。有些有毒有害气体是无味的，易使作业人员放松警惕，引发中毒、窒息事故（图 2–9）。

有限空间作业管理：应严格执行“先通风、先检测、后作业”，未经通风和检测，严禁进入。必须根据实际情况事先测定其氧气、有害气体、可燃性气体、粉尘的浓度，符合安全要求后，方可进入。确保氧气含量应在18%以上，23.5%以下；有害有毒气体、可燃气体、粉尘容许浓度必须符合国家标准要求。

图 2–9　有限空间作业管理

第三章 石化企业生产职业安全与健康防护

第一节 油气勘探、开采与集输

油气勘探与开采包括勘探、钻井、测井、井下作业、原油和天然气开采以及油气管道输送与储存等过程。

一、油气勘探

石油、天然气勘探是利用各种勘探手段了解地下的地质状况，综合评价含油气远景、探明油气田的面积，掌握油气田储藏情况和产出能力的过程。野外作业是勘探作业的共性。地质勘探由于工作场所及施工的特点，可存在高（低）温、高（低）湿、高（低）压、紫外线等不良环境，以及强酸、强碱腐蚀及其他化学品中毒，还存在传染性疾病、寄生虫感染的潜在危害，还可能有噪声、电离辐射、紫外线、高频、中频、低频、静电场等物理因素以及油墨、氨水等化学物质的潜在危险；物理勘探还存在使用炸药过程中的潜在危害及一氧化碳、氮氧化物等化学中毒的危害，钻井勘探还可能有石油伴生气、水泥泥浆、放射性同位素、硫化氢等潜在危害。勘探大多为露天作业，要落实防暑降温措施，视温度情况合理安排工作时间，停止室外露天作业或采取换班轮休，减少连续作业时间等；涉及化学毒物场所，落实加强通风、局部排风等措施；作业人员根据潜在危害情况，应重点配备野外作业防护用品，包括防寒帽、防寒鞋、防寒服、防水服、太阳镜、防水胶鞋、防昆虫手套，还应配备防噪声耳塞、足够数量的防毒口罩等。

小贴士 23

石油

石油是一种黑褐色并带有绿色荧光，具有特殊气味的黏性油状液体。未经加工处理的石油称为原油，是烷烃（液态烷烃、石蜡）、环烷烃（环戊烷、环己烷等）、芳香烃（苯、甲苯、二甲苯、蒽等）和烯烃等多种液态烃的混合物。

二、油气开采

由于地下油藏的多样性，使得油田开采具有多样性，一般包括自喷井采油、机械采油、热力采油和强化开发等方式；简单工艺为采油井－计量间－中转站－联合站，期间采用全密闭管道仪表控制。石油开采作业人员主要是野外露天作业，可接触高（低）温、高（低）湿、高（低）压、紫外线等不良气象条件和传染病、寄生虫等，井及管汇周围还存在噪声、石油、天然气、硫化氢、一氧化碳、氮氧化物等，油藏流体中含有烷烃、环烷烃、芳香烃、二氧化碳、硫化氢、汞及金属有机化合物等以及强化开发过程中使用丙烯酰胺聚化物、氢氧化钠、碳酸钠、硅酸钠、氢氧化钾、表面活性剂聚合物等化学药剂，维修作业过程使用油漆和防水涂料有机溶剂等。

丙烯酰胺

丙烯酰胺对眼和皮肤有一定的刺激，水溶液很容易通过皮肤吸收。急性中毒时，可出现脱皮、发麻、颤抖、持物不稳、上肢活动受限等；继而出现持续性头痛、头晕、乏力、食欲不振、视物模糊等症状，有的主要表现为多发性神经炎和震颤等锥体外系和小脑病变等。慢性中毒时，出现头痛、头晕、疲劳、嗜睡、手指刺痛、麻木感，往往伴有两手掌发红、脱屑、手掌和足心多汗，甚至出现四肢无力、肌肉疼痛、步态蹒跚、深反射减弱或消失等。生产过程中，应严格密闭操作，加强通风排风和个人防护措施，设置和正确使用安全淋浴和洗眼设备。

氢氧化钾

氢氧化钾具有强腐蚀性和刺激性。粉尘刺激眼和呼吸道，腐蚀鼻中隔。皮肤和眼直接接触可引起灼伤；误服可造成消化道灼伤，黏膜糜烂、出血，休克。一旦发生皮肤接触时，立即脱去污染的衣着，用大量流动清水冲洗至少15分钟，就医。眼睛接触时，应立即用大量流动清水或生理盐水彻底冲洗至少15分钟，就医。发生意外，应迅速脱离现场至空气新鲜处，保持呼吸道通畅。如呼吸困难，给输氧；如呼吸停止，立即进行人工呼吸。

三、油气集输

油气集输是油气生产的重要环节，是将油井采出的原油和天然气汇集、储存、初步加工和处理、输送的站场，是油田油气集输的枢纽，是高风险存在和集中的场所，是油田重大危险源或重点要害部位。

1. 油气集运生产　将油井采出的石油气、液混合物经过管道输送到油气处理站进行气、液分离和脱水，将原油、天然气体及水进行分离，使处理后的原油能够符合国家的标准；由油气处理站把合格的原油输送到油田原油库进行储备，将分离出的天然气输送到天然气处理厂（天然气压气站）进行再次脱水、脱氢和脱酸处理或深加工；由油田原油库、天然气压气站以不同方式将处理合格的原油、天然气外输给炼油企业和用户。生产设备主要有加热炉、油气分离器、除油器、输送泵机组、压缩机机组、各种仪器仪表以及输送管线等。

小贴士 26

硫及其化合物

长期吸入硫尘无明显毒性作用。硫粉尘有时引起眼结膜炎。硫尘对过敏皮肤有刺激作用，敏感者皮肤可引起湿疹，有时可引起眼结膜炎。生产过程中，要密闭作业，作业场所设置通风、除尘设施。硫黄粉尘浓度高时，要使用过滤式防尘口罩、防护手套等。一旦皮肤接触，脱去污染的衣着，用肥皂水及清水彻底冲洗；眼睛接触，立即用流动清水彻底冲洗；吸入后，迅速脱离现场至空气新鲜处，保暖并休息。

2. 油气井管理 在石油、天然气开采过程中，管道、阀门管发生压力失控、集输管线泄漏或油井自喷事故时，可造成原油、天然气的大量逸出，导致内巡检场所烃类化合物和硫化氢气体的浓度急剧升高，可发生窒息、急性烃类化合物和硫化氢中毒，甚至引起死亡。

应加强油井口和采油气设备的密闭管理，防止油井自喷事故，减少天然气、石油的跑、冒、滴、漏；采用质量、密闭性及连接良好的设备、管道、阀门及管件，防止泄漏；使用密闭管道输送可燃易爆物料。应在可燃或有毒气体可能泄漏和聚集的场所，设置可燃气体或有毒气体检测报警器；在计量间设置通风帽，防止有毒气体的积聚；在可能逸散硫化氢的工作场所，设置低位排风系统。产生噪声较大的设备需单独布置，并加盖隔声罩，为接触噪声人员配备防护耳塞或耳罩。户外工作人员配备护目镜、防寒服、防冻裂保护剂等（图 3–1）。

抓好源头治理，杜绝跑、冒、滴、漏；
①跑：原料、半成品或成品等溢出。
②冒：各罐、槽、池等超液位冒出。
③滴：液体从管道与管道、管道与设备、管道与阀件、设备里渗漏。
④漏：物料或气体从缝隙或裂口、裂痕处流出。

图 3–1　严防跑、冒、滴、漏

天然气

小贴士 27

蕴藏在地层内的可燃性气体。主要是低分子量烷烃的混合物，有些含有氮、二氧化碳或硫化氢等。有干天然气和湿天然气两种。干天然气富含甲烷，湿天然气含有较大量的乙烷、丙烷、丁烷和戊烷。天然气是一种复合物，它的毒性因其化学组成而异，主要有毒成分为硫化氢。原料天然气含硫化氢和一氧化碳较多，毒性随硫化氢和一氧化碳含量增加而增加。硫化氢具有全身性毒作用，由于抑制细胞氧化还原作用造成组织缺氧，引起中枢神经抑制、麻痹和窒息。净化天然气（已脱硫处理的家用天然气）主要成分为甲烷。甲烷有窒息作用，在大剂量高浓度下可引起“电击”性窒息死亡，小剂量长期接触可引起慢性中毒。生产过程中，应加强生产的自动化和密闭化，加强设备维修保养，防止跑、冒、滴、漏，现场采取通风排毒措施。一旦发生中毒，应立即脱离现场，将患者转移到空气新鲜处，平卧、保暖、保持呼吸道畅通和吸氧等，对症治疗；呼吸、心跳停止时应立即给予人工呼吸和心脏按压。

3. 油气集输站场 油气集输站场处理的油气水三相的混合物，存在着安全隐患。如果发生油气泄漏，会引发火灾、爆炸、中毒等事故，严重影响到人身健康，同时会导致环境污染事故的发生。油田油气集输站场具有工艺复杂、压力容器集中、生产连续性强、高温高压、易燃易爆、火灾危险性大的生产特点，任一环节出现问题或操作失误，都将会造成恶性的火灾爆炸事故和人员伤亡事故。因此，生产过程中要注重巡回检查，对设备故障性质做出准确判断并及时处理，定期对集输设备和仪器仪表进行维护保养，保证正常的生产运行，提高生产效率和设备完好率；及时查找出生产运行过程中存在的事故隐患并采取相应的安全对策措施，对加强油气集输站场的安全管理和生产过程中的安全运行是非常重要的（图 3–2）。

预防措施：
1. 采取措施防止爆炸混合物的形成；
2. 严格控制着火源，切断爆炸条件；
3. 防爆装置安全好用，爆炸开始就及时泄出压力；
4. 切断爆炸传播途径，减弱爆炸压力和冲击波对人员、设备和建筑的损坏；
5. 采取检测报警装置，及时发现隐患。

图 3–2 严防储罐爆炸

甲烷

甲烷是油田气、天然气和沼气的主要成分，也存在于焦炉气、炼厂气、煤矿坑道气及石油裂解后的尾气中。甲烷对人基本无毒，只有单纯性窒息作用。在极高浓度时，由于空气被置换，氧分压降低而产生窒息，出现缺氧的一系列临床表现，如头晕、脉速、注意力不集中、气促、无力、共济失调、窒息等；如浓度很高，患者可迅速死亡。一旦发生中毒，应立即脱离现场，将患者转移到空气新鲜处，平卧、保暖、保持呼吸道畅通和吸氧等；呼吸、心跳停止时应立即给予人工呼吸和心脏按压。

第二节 炼油生产

炼油是将石油通过蒸馏的方法分离生产出燃料（汽油、柴油）、润滑油（机油）、有机化工原料、沥青、石蜡、石油焦炭等的生产过程，以更好地利用石油原料生产出更多的产品，提高经济效益，提高相关产品的质量。生产中会涉及不同的工艺过程，主要包括常减压蒸馏、电化学精制、催化裂化、催化氧化、催化加氢、加氢裂解等工艺。

一、电脱盐及常减压蒸馏

常减压蒸馏包括常压蒸馏和减压蒸馏两个过程，是原油进入工厂的第一步加工工序。经过脱水、脱盐的原料油在蒸馏塔里按蒸发能力分成沸点范围不同的油品如轻汽油、汽油、煤油、轻柴油、重柴油馏分，大部分油品作为其他装置原料油进行下一步的加工利用。生产过程中，重点防范瓦斯，包括甲烷、乙烷、丙烷等烷烃易燃易爆气体泄漏引起的火灾爆炸，有害气体泄漏引发人员急慢性中毒，设备运行导致对职工的听力损伤及机械伤害，高温设备及物料泄漏喷溅等导致的人员烫伤，高处巡检作业引发的人员高处坠落等。要严防出现各类设备及管线的跑、冒、滴、漏现象；人员现场巡检及作业做好个人防护，佩戴个人防护用品。

小贴士 29

乙烷

乙烷本身的毒性很低，有轻度麻醉作用。空气中的乙烷浓度大于6%时，可引起轻度恶心、眩晕、轻度麻醉和惊厥等症状；浓度大于40%时，使空气氧含量相对减低，可造成不同程度的缺氧、窒息。生产过程中，应加强生产的自动化和密闭化，加强设备维修保养，防止跑、冒、滴、漏，现场采取通风排毒措施。一旦发生中毒，应立即脱离现场，将患者转移到空气新鲜处，平卧、保暖、保持呼吸道畅通和吸氧等；呼吸、心跳停止时，需立即给予人工呼吸和心脏按压；送医对症治疗，防治脑水肿，必要时做高压氧治疗。

二、电化学精制

电化学精制主要包括酸碱化学精制和静电混合分离过程，以去除粗汽油、粗柴油等燃料油中含有的硫化物、氮化物及有机酸等影响油品质量的杂质，提高油品的安定性。生产过程中，要防范来自使用浓度较大的硫酸和烧碱溶液会对设备管线产生强腐蚀性，容易发生泄漏事件，以及酸碱物料泄漏导致的设备腐蚀和人身伤害、轻质油品泄漏导致着火等。需加强现场管理，减少各类设备及管线的跑、冒、滴、漏；在收送酸碱液和排空设备管线时，要穿戴好耐酸碱工作服、手套和防护镜。装置附近放置硼酸、小苏打溶液，用以冲洗、中和泄漏的酸碱溶液。

三、重油催化裂化

催化裂化是在裂化催化剂的作用下将重质油通过原料油催化裂化、催化剂再生、产物分离转化为汽油、柴油及液态烃等轻质产品的过程，是石油二次加工的主要工艺之一。生产过程中要防范反应沉降器提升管内衬脱落造成内壁烧红或穿孔、吸收稳定系统因腐蚀产生的泄漏、分馏系统的高温等因素。控制不当会造成人员中毒和火灾爆炸事故。应加强可燃性气体报警器的维护管理；检修时加强管线厚度检测，及时更换被腐蚀减薄的部分。作业时做好个人防护，合格佩戴个人防护用品。

四、气体分馏

气体分馏是根据液态烃中各组分沸点不同的特点，用精馏的方法将液态烃分离出丙烷、丙烯、异丁烷、异丁烯、丁烯-2、戊烷馏分。主要过程为首先进行碳3和碳4分离，碳3部分脱出轻杂质后进行丙烷和丙烯分离以及丙烯精制；碳4进行异丁烷、异丁烯、丁烯-2和碳5以上组分的分离。原料和产品都是易燃、易爆物质，物料泄漏极易引起火灾爆炸。液态烃泵、精馏塔、丙烷压缩机注意断面密封，防止泄漏现象出现，液化气罐预防脱水管线阀门失控导致液化气的大量跑出，造成大面积灾害。生产过程中，重点防范各类设备及管线的跑、冒、滴、漏；泵区用火要注意将沟内液化气吹扫干净，经检验合格后方可用火。作业时做好个人防护，穿防静电工作服，特殊情况下佩戴过滤式防毒面具预防气体的吸入中毒。

五、叠合

叠合是指两个或两个以上的烯烃分子自行结合生成一个高分子量烯烃的过程，主要为碳 4 组分，碳 4 原料在催化剂作用下发生选择性二聚反应，并进一步加氢得到异辛烷。烯烃叠合是在一定压力和温度条件下的放热反应，应避免设备超温超压、易燃易爆物质泄漏引起火灾爆炸。生产过程中，重点防范各类设备及管线的跑、冒、滴、漏；严格执行工艺操作过程，避免生产波动；人员现场巡检及作业需做好个人防护。

六、催化氧化脱硫醇

催化氧化脱硫醇是一种精制石油产品的工艺，是将液化石油气、催化汽油或者航空煤油用磺化酞菁钴（或聚酞菁钴）碱液为催化剂，将原料中的硫醇转化为二硫化物的工艺过程。分为一步法和两步法流程，液态烃采用一步抽提法脱硫醇，汽油采用抽提和氧化两步法脱硫醇。硫醇氧化成二硫化物，去除恶臭味道。配制烧碱溶液、搅拌碱液溶液时，防止碱液溢出发生碱灼伤情况。控制好物料比例，防止碱液和汽油窜入压缩空气，造成操作波动，引发爆炸事故。生产过程中，配置碱液要做好个人防护，穿戴好防碱护品；罐区附近要设置冲洗水龙头，以便不慎沾上碱液时能马上清洗，降低伤害程度。

七、催化重整加氢

在催化剂和氢气存在下，将常减压蒸馏所得的轻汽油转化成含芳烃较高的重整汽油的过程。加氢的目的是将原料中的硫化物、氮化物、氧化物分别与氢气反应，生成硫化氢、氨等容易去除的杂质。经过高、低压分离和汽提后生产出高辛烷值汽油、苯、甲苯、二甲苯等产品。反应器加氢反应过程操作温度和压力高，原料均为易燃易爆的物质，应严防物料泄漏和超温运行。高压分离器的安全附件任何一项如有失控，都会导致事故的发生。生产过程中，需注意反应器的温度和压力，严禁超压超温运行，备用氮气瓶要保障足够的数量和压力。半成品罐区的安全防护措施必须保持良好状态。

苯

苯有特殊气味，易挥发，属高毒类。在短时内吸入大量苯蒸气可引起急性中毒，主要对中枢神经系统有影响；慢性毒作用主要作用于造血组织及神经系统，以神经衰弱综合征和白细胞持续下降为主要表现。在生产环境空气中以蒸气状态存在，主要经呼吸道吸入，也通过皮肤少量吸收。经常接触苯，皮肤可因脱脂而变为干燥、脱屑以至皴裂，有的发生过敏性湿疹和毛囊炎等。一旦皮肤接触，应尽快脱去被污染的衣着，用肥皂水和清水彻底冲洗皮肤。发生急性中毒时，应迅速脱离现场至空气新鲜处，保持呼吸道通畅。出现呼吸困难，给输氧治疗；发生呼吸心搏骤停，立即进行心肺脑复苏术。

甲苯

甲苯可经呼吸道、皮肤和消化道吸收。急性中毒时，主要表现眩晕、乏力、酒醉状、步态不稳、血压偏低、面色苍白等中枢神经系统的麻醉作用和自主神经功能紊乱症状，以及咳嗽、流泪、结膜充血等黏膜刺激症状；严重者出现恶心、呕吐、幻觉、谵妄、抽搐，甚至神志不清，有的出现癔病样症状。长期吸入较高浓度的甲苯蒸气有头晕、头痛、乏力、失眠、记忆力减退等神经衰弱综合征。皮肤接触出现干燥、皲裂，甚至引起皮炎。生产过程中，应严格密闭化和自动化，加强通风排风和个人防护，设置安全淋浴和洗眼设备。一旦发生意外，应立即脱去被污染的衣着，用肥皂水和清水彻底冲洗皮肤；用流动清水或生理盐水冲洗眼睛。发生吸入中毒，应迅速脱离现场至空气新鲜处，保持呼吸道通畅，对症处理，维持生命体征，预防并发症发生。

小贴士 32

二甲苯

二甲苯是具有芳香气味的挥发性液体，属低毒类。二甲苯对皮肤、黏膜有刺激作用，对中枢神经系统有麻醉作用；长期作用可影响肝、肾功能。急性中毒的重症者有幻觉、谵妄、神志不清，有的有癔病样发作。慢性中毒出现神经系统衰弱综合征；女工月经异常；反复接触后，常发生皮肤干燥、皴裂、皮炎。

八、延迟焦化

采用加热炉将原料加热到反应温度，使原料基本不发生或只发生少量裂化反应就进入焦炭塔内，原料在“延迟状态”下进行深度裂化和生焦缩合反应，生产出汽油、轻柴油等轻质产品和固体石油焦。存储的高温渣油和低温渣油互相切换时，低温渣油中的水分容易产生急剧汽化、突沸的情况，引起油罐破裂；高压水泵管线和法兰泄漏，焦炭粉尘环境易引发人员呼吸系统损伤。生产过程中，要注意检查缓冲罐进油前存水是否放尽，控制好渣油液面。高压水管线或法兰片破裂有高压水喷出时，立即停高压水泵，避免高压室对人员和设备的危害。除焦水若为循环水时应定期进行净化，并严格检查，发现水中有毒物质超标时，及时切换新水。

小贴士 33

汽油

汽油是麻醉性毒物，急性中毒主要引起中枢神经系统和呼吸系统损害，以中枢神经系统损伤为主。急性中毒时，可有中枢神经受累和黏膜刺激症状，如头晕、头痛、乏力、恶心、视力模糊、复视、步态不稳、震颤、容易激动、酩酊感和短暂意识障碍，以及流泪、流涕、眼结膜充血和咳嗽等黏膜刺激表现。重度急性中毒时，可出现中毒性脑病症状，如谵妄、昏迷、腹壁和腱反射低下，以及强直性抽搐等。吸入极高浓度汽油蒸气者，可出现有头昏、恶心、呕吐、昏迷和抽搐等，甚至呼吸困难、心律失常和心衰、猝死。液态汽油被吸入呼吸道可造成汽油吸入性肺炎。皮肤接触汽油可发生脱脂和皮炎，出现红斑、水疱和瘙痒等，接触时间过长可造成皮肤灼伤，可致皮肤干燥、皲裂、角化过度、毛囊炎、慢性湿疹和指甲变形等。慢性汽油中毒患者常有头痛、头晕、失眠、精神萎靡、乏力、四肢疼痛、记忆力减退、易激动、食欲减退、多汗、心悸等神经衰弱症和自主神经功能紊乱；严重时可出现震颤、共济失调、淡漠迟钝、记忆力减退等症状。生产过程中，应加强生产的自动化和密闭化，加强设备维修保养，防止跑、冒、滴、漏，现场采取通风排毒措施。一旦发生中毒，应立即脱离现场，将患者转移到空气新鲜处，平卧、保暖、保持呼吸道畅通和吸氧等，对症治疗；呼吸、心跳停止时应立即给予人工呼吸和心脏按压。

九、减黏

将减压渣油转化为低黏度低凝点的燃料油，并得到少量汽油、柴油、蜡油和瓦斯。减黏是浅度的热裂化，黏度的降低是由于非沥青质重烃油的裂化变成低沸点化合物，它能溶解部分沥青质，起溶剂作用，从而达到降低黏度的作用。高温油品一旦泄漏，遇空气会立即自燃着火。生产过程中，要防止各类炉、塔和管线法兰垫、液面计等的跑、冒、滴、漏，防止发生各种油品和可燃气体引发的渗漏引起的火灾。需定期检查炉管氧化剥蚀、管壁减薄、管内结焦情况，必要时进行更换。

十、烷基化

烷基化是以液化气中的烯烃及异丁烷为原料，在催化剂的作用下烯烃与异丁烷进行加成反应，生成烷基化油和正丁烷的工艺过程。分为硫酸烷基化和氢氟酸烷基化。装卸硫酸和氢氟酸时易吸入和溅到酸液，酸储罐因腐蚀而泄漏的情况；在停工检修酸储罐时，吹扫和中和不彻底而发生中毒事故。因此，生产过程中，需预防气体吸入引起中毒和烫伤等，预防强酸、强碱的腐蚀。在各项操作中，穿戴好防护用品，防止吸入酸蒸汽或溅到酸液造成的事故，装置设置并落实好气防站、应急值守、急救设施和所需用品等各项措施。

小贴士 34

正丁烷

正丁烷主要是麻醉作用，对眼和皮肤有刺激作用，直接接触液化产物可引起皮肤冻伤。中毒时，主要临床表现为中枢神经系统受损症状和心律失常。长期接触丁烷对人体造成影响，可出现头晕、失眠、头痛、乏力等症状。生产过程中，应加强生产的自动化和密闭化，加强设备维修保养，防止跑、冒、滴、漏，现场采取通风排毒措施。一旦发生中毒，应立即脱离现场，将患者转移到空气新鲜处，对症治疗，呼吸心搏骤停应立即心肺复苏。

十一、制氢

采用加氢转化催化、氧化锌脱硫、烃类蒸汽转化催化、中低温变换、甲烷化反应等工艺过程制备。此生产以石脑油、液化气、天然气、瓦斯气等为原料，需防止羰基镍、硫化氢对人体的危害，防止转化炉严重超温，对炉管和催化剂进行破坏，发生炉管爆炸事故；防止废热锅炉液位过低，容易造成干锅，而发生爆炸的危险。卸催化剂前，将反应器、炉管用氮气置换干净；卸催化剂时，必须带戴防毒面具作业，防止羰基镍、硫化氢中毒。

小贴士35

石油裂解气

石油烃类经过裂解所得的裂解气主要是各种气态烃，经分离可得乙烯、丙烯、丁二烯、异戊二烯、环戊二烯等。石油裂解气中的主要有害物质为烷烃、环烷烃、烯烃、芳香烃、汽油、硫化氢、硫醇和硫醚等，具有刺激作用和麻醉作用，大量吸入可引起头痛。急性中毒的特点是引起中枢神经系统的抑制作用，主要表现为共济失调和乏力，偶可出现抽搐现象；长期吸入者主要引起神经衰弱综合征、自主神经功能紊乱。生产过程中，应严格生产的自动化和密闭化，加强设备维修保养，防止跑、冒、滴、漏，现场采取通风排毒措施。一旦发生中毒，应立即脱离现场，将患者转移到空气新鲜处，平卧、保暖、保持呼吸道畅通和吸氧等，对症治疗；呼吸、心跳停止时应立即给予人工呼吸和心脏按压。

小贴士36

石脑油

石脑油是原油分馏加工中产生的馏分之一，可引起眼和上呼吸道刺激症状。吸入蒸气浓度过高，几分钟即可引起呼吸困难、发绀等缺氧症状。生产过程中，应加强生产的自动化和密闭化，加强设备维修保养，防止跑、冒、滴、漏，现场采取通风排毒措施。一旦发生中毒，应立即脱离现场，将患者转移到空气新鲜处，平卧、保暖、保持呼吸道畅通和吸氧等，对症治疗；呼吸、心跳停止时应立即给予人工呼吸和心脏按压。

十二、加氢精制

将质量低劣的原料油（柴油），在一定的温度（一般在280～340℃）、压力、氢气和加氢精制催化剂作用下，将油品中的硫、氮、氧等非烃化合物转化为易除去的硫化氢、氨、水，将安定性很差的烯烃和某些芳烃饱和，金属有机物氢解，金属杂质截留，从而改善油品的安全性、腐蚀性能和燃烧性能，得到品质优良的产品。原料罐区受油付油时，需防止管线的跑、冒、窜油等情况发生。高压分离器控制不当，将引起液面抽空、高压窜低压或液面过高，循环氢带液造成压力失控而发生爆炸。生产过程中，需重点预防气体吸入中毒和烫伤等，做好个人防护。

十三、加氢裂化

以减压瓦斯油或焦化蜡油为原料，先经过过滤器滤掉杂质，然后和循环氢气混合进入高压反应器，在催化剂的作用下，原料发生加氢脱硫、脱氮、异构化、烯烃、芳香烃饱和加氢裂化转为轻质油的反应。反应器的泄漏、温度超高、循环氢加热炉温度和炉管强度变化，易引发爆炸。生产过程中，需预防火灾、爆炸，气体吸入中毒和烫伤等，做好个人防护。

十四、渣油热裂化

采用大量的过热蒸汽将劣质渣油提炼。生产工艺与迟焦化法颇相似，采用两个反应器轮换操作，向反应器渣油内吹入大量的高温水蒸气，以防止渣油缩合成焦炭，生成如沥青状的高度浓缩残渣物，作为副产品送出。蒸汽裂化反应器和加氢处理反应器的泄漏，易引发爆炸。生产过程中，需预防火灾、爆炸，预防硫化氢、二氧化硫、石油沥青烟等气体吸入中毒和沥青烫伤，做好个人防护。

二氧化硫

二氧化硫对眼及呼吸道黏膜有强烈的刺激作用。吸入高浓度的二氧化硫可引起肺水肿、喉水肿、声带水肿或痉挛而引起窒息。长期低浓度接触，可有头痛，头昏、乏力等全身症状以及慢性鼻炎、咽喉炎、支气管炎、嗅觉及味觉减退等，少数有牙齿酸蚀症。生产过程中，应注意生产设备的密闭化，减少跑、冒、滴、漏现象发生；现场保证充分的局部排风和全面通风和安全的淋浴和洗眼设备。一旦皮肤接触后，应立即脱去被污染的衣着，用大量流动清水冲洗后就医；眼睛接触者应用流动清水或生理盐水冲洗后就医。

十五、脱硫

采用乙醇胺脱硫工艺，属于化学溶剂法。乙醇胺脱硫过程是应用碱性的有机胺在常温下能吸收酸性气（硫化氢、二氧化碳等），吸收了硫化氢后的乙醇胺溶液经过加热后在解吸塔内进行解吸，解吸出来的硫化氢可以回收硫黄，而再生后的乙醇胺溶液可以重复利用。输送管线，脱硫塔、冷却塔、分液罐的密封不严易发生泄漏。生产过程中，需检查各密封点的高度严密性，预防硫化氢、二氧化硫气体吸入中毒等，需佩戴特殊的防护用品，做好个人防护。

十六、硫黄回收

上游的酸性气进入制硫装置的酸性气燃烧炉内燃烧，在一定配风量的情况下，酸性气中的硫化氢燃烧生成二氧化硫和单质硫，其中酸气燃烧炉的配风量按 1/3 的硫化氢完全燃烧生成二氧化硫和其中的烃完全燃烧生成二氧化碳，剩余 2/3 的硫化氢和二氧化硫再在催化剂的作用下低温反应生成单质硫。输送管线的密封不严易发生泄漏。应加强液硫排送、硫化铁的管理。生产过程中，需检查各密封点的高度严密性，预防硫化氢、二氧化硫气体吸入中毒等，需佩戴特殊的防护用品，做好个人防护。液硫排送口温度高，预防灼伤；清理出的硫化铁应集中一起用水淋湿，避免硫化铁与空气接触自燃着火。

十七、酮苯脱蜡脱油

以润滑油馏分或精制油为原料，丁酮和甲苯为二元混合溶剂，或丙酮和苯及甲苯为三元混合溶剂，利用丁酮和甲苯混合溶剂具有易溶解油而难溶解蜡的特性，在低温下将润滑油料中的石蜡结晶分离出来，使润滑油获得良好的低温流动性，生产出脱蜡油。利用溶剂的选择性，通过向含油蜡中加入混合溶剂，将其温度提到高于脱蜡温度的条件下，使蜡再结晶、过滤，脱除蜡中的油，得到脱油蜡。工艺密封点多，介质温差大，物料易凝，溶剂易燃易爆容易泄漏着火爆炸。氨和物料有毒，泄漏对人和环境有危害。生产过程中，需检查各密封点的高度严密性，预防氨、丁酮、甲苯、石蜡烟等吸入中毒，需佩戴好防护用品，做好个人防护。

小贴士 38

润滑油

润滑油为油状液体的润滑剂。呼吸道吸入润滑油的油雾或其挥发性物可出现全身乏力、恶心、头晕、头痛等。短期内吸入较多液体润滑油、气雾滴或气溶胶可引起吸入性肺炎，临床上可出现剧烈的咳嗽、咯血性泡沫痰和油滴、胸痛、发绀等。皮肤长期接触润滑油可发生油性痤疮，表现为黑头、毛囊角化丘疹和毛囊炎，还可出现接触性皮炎。长期吸入小量的液态润滑油、雾滴或其气溶胶可出现全身不适、轻咳和痰中带有油滴，偶可有胸痛。润滑油的分解产物和添加剂对眼和呼吸道黏膜有刺激，长期接触可有眼结膜刺激感和咽部烧灼感、流泪、头晕、头痛、全身不适、失眠等。

十八、尿素脱蜡

利用油中正构烷烃与尿素生成固体络合物，然后加热络合物又分解为正构烷烃与尿素，从而脱除油中的正构烷烃，得到凝点低的油品。可制取凝点 –50℃以下的润滑油或凝点小于 –35℃的专用柴油。物料为易燃易爆品，容易泄漏着火爆炸。氨和物料有毒，泄漏对人和环境有危害。生产过程中，需检查各密封点的高度严密性，预防苯、乙醇、异丙醇等的泄漏，需佩戴好防护用品，做好个人防护。

小贴士 39

异丙醇

异丙醇对眼及呼吸道黏膜有刺激作用。吸入蒸气后可引起运动失调、衰竭、深度麻醉。接触后可引起眼、鼻、喉轻度刺激，出现眼痛、流泪、畏光，严重者见结膜炎及视神经炎征象。皮肤接触可产生接触性皮炎。

十九、石蜡加氢精制

在高温、高压、加氢和催化剂存在的条件下，对粗石蜡进行加氢的精制。通过加氢反应，石蜡中的硫、氮、氧等杂质被除掉，对人体有害的芳烃气体被饱和分解，又通过汽提脱低沸点产物、脱水得到精制石蜡。生产过程中，要防控反应器超温、超压，加热炉超温或局部过热，供氢压缩机故障，需检查各密封点的高度严密性，预防有害气体吸入中毒，防止高温灼伤，佩戴好防护用品，做好个人防护。

小贴士 40

石蜡

石蜡和液态石蜡为石油高沸点组分精制品，毒性较低。石蜡中含有一定量的杂环化合物，主要是吡啶、吡咯、噻吩等，有致癌的作用。高浓度蒸气吸入引起头痛、眩晕、咳嗽、食欲减退、呕吐、腹泻；长期接触导致皮肤损害。

二十、氧化沥青

利用减压渣油为原料，在一定的温度下，加入空气使之氧化，使空气中的氧与渣油进行一系列的氧化、裂解、缩合、重合、脱氢等反应，同时，通过对氧化过程中反应温度、通风量、氧化时间的控制而生产出不同标号的沥青。氧化反应塔内温度高，接近沥青自燃点，超温会引起着火或爆炸。塔内存水过多，容易造成突沸。尾气区排出的不凝气体和油分有恶臭，容易引发恶心、呕吐，甚至皮肤过敏。成型机放料口沥青温度高，若溅溢至皮肤，因其黏度大并有毒，会引起深度烫伤且难以恢复。生产过程中，需要检查各密封点的高度严密性，预防硫化氢、联苯、苯、萘、蒽等吸入中毒，需佩戴好防护用品，配备长筒手套、雨靴，防止颗粒沥青对人体的影响，做好个人防护。

小贴士
41

联苯

联苯是无色或淡黄色片状晶体，可经呼吸道、皮肤和消化道吸收。因生产设备故障而大量蒸气逸出，可引起急性中毒。高浓度接触可引起眼及上呼吸道明显刺激症状和头晕、头痛甚至眩晕或嗜睡等神经系统症状；慢性毒性主要是神经衰弱症状、皮肤脱屑及过敏、咽部充血等。生产过程中，应严格密闭，加强通风排风和个人防护，设置安全淋浴和洗眼设备。一旦发生意外，应立即脱去被污染的衣着，用肥皂水和清水彻底冲洗皮肤；用流动清水或生理盐水冲洗眼睛。发生吸入中毒，应迅速脱离现场至空气新鲜处，保持呼吸道通畅对症处理，维持生命体征，预防并发症发生。

二十一、丙烷脱沥青

以丙烷为溶剂，用萃取的方法，从原油蒸馏所得的减压渣油中，萃取获得蒸馏手段无法获得的更重的馏分，以制取脱沥青油作为重质润滑油原料或裂化原料；脱除的胶质和沥青质等非理想组分存在于脱油沥青之中。脱沥青油进一步通过溶剂精制、溶剂脱蜡和加氢精制制取高黏度润滑油基础油。加热炉泄漏，丙烷扩散到炉区会引发爆炸。丙烷罐频繁进出料和脱水操作不当，会造成超压造成丙烷跑损。生产过程中，需检查各密封点的高度严密性，检查炉管、弯头厚度，防止因炉管减薄严重发生泄漏和爆裂事故。预防硫化氢、联苯、苯、萘、蒽等吸入中毒，需佩戴好防护用品，配备长筒手套、雨靴，防止颗粒沥青对人体的影响，做好个人防护。

丙烷

丙烷为单纯麻醉剂，微毒。丙烷对人类皮肤和黏膜无刺激作用，但皮肤直接接触液化丙烷可引起冻伤。吸入较高浓度的丙烷时有麻醉作用，吸入后可出现头昏、嗜睡、兴奋或嗜睡、恶心、呕吐、流涎、脉缓、血压偏低、生理反射减弱等，严重时可导致麻醉。长期接触低浓度丙烷、丁烷、丙烯和丁烯的混合气体后，可出现头痛、头晕、失眠、易累、情绪不稳等症状和多汗、皮肤划痕症、竖毛肌反射增强等自主神经功能障碍表现，以及四肢远端感觉减退等。生产过程中，应加强生产的自动化和密闭化，做好设备维修保养，防止跑、冒、滴、漏，现场采取通风排毒措施。一旦发生中毒，应立即脱离现场，将患者转移到空气新鲜处，平卧、保暖、保持呼吸道畅通和吸氧等；呼吸、心跳停止时需立即给予人工呼吸和心脏按压；送医对症治疗，防治脑水肿，必要时做高压氧治疗。

二十二、糠醛精制

以糠醛为溶剂，除去润滑油中芳烃、沥青、硫化物等杂质的精制过程。通过糠醛精制，使润滑油馏分中的理想组分与非理想组分分离，改善油品的黏温性能，降低残炭值和酸值，提高油品的抗氧化安定性和降低油品的颜色。抽提塔转盘轴密封不严泄漏，糠醛和油料喷出易引发火灾事故。做好加热炉炉温控制和炉用瓦斯系统严防泄漏。生产过程中，检查各密封点的高度严密性，检查炉管、弯头厚度，防止因炉管减薄严重发生泄漏和爆裂事故。预防糠醛、润滑油等化学物质对人体的影响，做好个人防护。

小贴士 43

糠醛

糠醛为神经毒物，对皮肤黏膜有刺激作用，经呼吸道吸入后有麻醉作用。通过呼吸道、消化道、皮肤均可引起急性中毒，表现有呼吸道刺激、肺水肿、肝损害、中枢神经系统损害、呼吸中枢麻痹，甚至死亡。高浓度接触糠醛时可引起角膜、结膜和眼睑损害。慢性作用时，可出现黏膜刺激症状、流泪、头痛、舌麻木、呼吸困难等；长期接触还可出现手、足皮肤染有黄色、皮炎、湿疹及慢性鼻炎，伴嗅觉减退等。

二十三、白土精制

润滑油原料经过溶剂精制、溶剂脱蜡和脱沥青工艺处理后，油品中还含有少量未分离掉的溶剂，以及因回收溶剂被加热生成的大分子缩合物、胶质等。为减少杂质的存在影响油品的安定性、颜色和残炭值等的影响，利用白土精制的方法可以达到对润滑油原料进行补充精制的目的。要防范加热炉长期高温使用以及溶剂腐蚀产生的泄漏、过滤机操作不当引起溅油、烫伤、粉尘危害等的风险发生。生产过程中，检查加热炉，防止因炉管减薄严重发生泄漏和爆裂事故；操作过滤机人员做好防溅油烫伤及粉尘、油气、溶剂的吸入防护，严格执行劳保用品穿戴制度，做好个人防护。

第三节 化工原料生产

一、乙烯、丙烯

石油烃类原料经高温裂解、急冷、压缩、分离等工艺过程，生产出高纯度乙烯、丙烯产品，同时，还生产出碳四、碳五、裂解汽油等副产品，它们是其他有机原料及三大合成材料的基础原料，可进一步制取各种有机化工产品。生产中存在火灾、爆炸和中毒风险，还存在噪声危害、烫伤、冻伤、机械伤害等。需防止各类炉、塔、贮槽等设备管线的跑、冒、滴、漏及各种油品和可燃气体引发的火灾；应注意高温油品泄漏，遇空气会立即自燃着火，火灾危险非常大；高速运转的压缩机和其他泵类，由于操作不当或失去控制会发生各种机械事故甚至爆炸；超高压蒸汽驱动的透平机，操作不当易造成机械事故；在低温下操作的设备，如控制不好，容易造成材质在低温下的冷脆而损坏；系统在不同压力下操作，容易造成超压损坏设备和物料泄漏；压缩机系统容易造成抽负压发生振动而损坏设备，吸入空气而引起爆炸。甲烷化、乙炔加氢和丙炔加氢均系化学放热反应，操作不当或失去控制会引起反应器内温度骤升，造成催化剂、反应器损坏，严重时发生爆炸。裂解炉采用明火加热，其反应温度高，操作不当或失去控制也会引起着火和爆炸。生产过程中，需佩戴好防护用品，做好个人防护，防止碱液接触皮肤会造成灼伤、高温油和低温冷剂与皮肤接触造成灼伤及炉管防渗碳剂二硫化碳可麻醉中枢神经系统等。阻聚剂、抗氧化剂等也具有程度不同的毒性。

乙烯

乙烯具有较强的麻醉作用，皮肤接触液态乙烯可发生冻伤。吸入乙烯可出现麻醉，对眼和呼吸道黏膜有轻微刺激作用。长期接触乙烯可引起头晕、全身不适、乏力和注意力不集中等。生产过程中，应加强生产的自动化和密闭化，加强设备维修保养，防止跑、冒、滴、漏，现场采取通风排毒措施。一旦发生中毒，应立即脱离现场，将患者转移到空气新鲜处，送医对症治疗，呼吸心搏骤停应立即心肺复苏。

丙烯

丙烯为单纯窒息、麻醉剂。接触极高浓度时可对人体有明显影响，出现眼睛有轻微刺激症状及注意力不集中和感觉异常，甚至可能发生眼睑及面色潮红、流泪、咳嗽、恶心、胸闷、步态蹒跚和麻醉作用。皮肤接触液态丙烯可造成冻伤。生产过程中，应加强生产的自动化和密闭化，加强设备维修保养，防止跑、冒、滴、漏，现场采取通风排毒措施。一旦发生中毒，应立即脱离现场，将患者转移到空气新鲜处，平卧、保暖、保持呼吸道畅通和吸氧等，对症治疗；呼吸、心跳停止时应立即给予人工呼吸和心脏按压。皮肤接触液态丙烯时可立即用温水冲洗，按外科冻伤治疗。

二、丁二烯

以乙烯装置副产品碳 4 为原料，采用适当溶剂，采用两级萃取精馏和两级普通精馏，得到聚合级1, 3-丁二烯产品，同时副产碳4抽余液。乙烯裂解混合碳4馏分的组成比较复杂，而且其中各碳4组分的沸点极为接近，有的还与丁二烯形成共沸物。目前，广泛采用萃取、精馏相结合分离的方法得到高纯度的丁二烯。生产过程中，安全风险是火灾、爆炸和中毒，还存在噪声损伤、烫伤、冻伤、机械伤害等。丁二烯化学性质活泼，易发生自聚反应，特别是在氧的存在下，极易生成过氧化物及端基聚合物。大量丁二烯自聚可造成设备堵塞、胀裂，发生爆炸着火的危险，需防止其自聚。此外，还需防止各类炉、塔、贮槽等设备管线的跑、冒、滴、漏，防控发生火灾。萃取用溶剂二甲基甲酰胺、阻聚剂对叔丁基邻苯二酚、亚硝酸铵、生产产品丁二烯，均具有一定毒性和麻醉刺激性，接触时需做好个人防护，并要注意防护用具的正确使用。

小贴士 46

丁二烯

丁二烯具有麻醉和刺激作用。主要经呼吸道吸入，表现为对皮肤、呼吸道的刺激和中枢神经系统的麻醉作用。轻者中毒表现为头痛、头晕、恶心、咽痛、耳鸣、全身乏力、嗜睡等；重者出现酒醉状态、呼吸困难、脉速以及意识丧失和抽搐、烦躁不安等症状。脱离接触后，迅速恢复。皮肤直接接触丁二烯可发生灼伤或冻伤。长期接触丁二烯可出现头痛、头晕、全身乏力、易激动或表情淡漠、失眠、多梦、记忆力减退、注意力不集中、鼻咽喉不适、嗅觉减退、恶心、嗳气、胃部烧灼感和心悸等症状。生产过程中，应严格生产的自动化和密闭化，加强设备维修保养，防止跑、冒、滴、漏，现场采取通风排毒措施。一旦发生中毒，应立即脱离现场，将患者转移到空气新鲜处，平卧、保暖、保持呼吸道畅通和吸氧等，对症治疗；呼吸、心跳停止时应立即给予人工呼吸和心脏按压。皮肤接触液态丁二烯时可立即用温水冲洗，按外科冻伤治疗。

三、苯、甲苯

以裂解汽油和氢气为原料，通过精馏分离、加氢饱和、抽提蒸馏等方法，获得苯、甲苯，同时副产碳5、碳8加氢油、碳7加氢油、碳9、抽余油等副产品。苯是苯乙烯、苯酚丙酮、间甲酚等装置的基础原料。生产原料、中间产品和最终产品，如轻柴油、石脑油、裂解汽油、裂解柴油、乙烯、丙烯、碳4、甲烷、氢气等都是易燃易爆的液体和气体，在空气中有着火和爆炸的危险，需防止各类炉、塔、贮槽等设备管线的跑、冒、滴、漏，防控发生火灾。这些物料在高浓度下即可使人中毒；另外，助剂接触皮肤会造成灼伤；高温会造成灼伤；加氢系化学放热反应，操作不当或失去控制会引起反应器内温度骤升，造成催化剂、反应器损坏，严重时发生爆炸。加热炉采用明火加热，操作不当或失去控制也会引起着火和爆炸。回收塔内有硫化铁生成，注意检查冲洗，防止硫化铁暴露空气中自燃着火。

抽余油

抽余油是富含芳烃的重整汽油经抽提芳烃后剩余的馏分油。急性毒性主要为对中枢神经系统的麻醉作用，高浓度吸入后可引起麻醉症状。慢性中毒为头痛、乏力、失眠、多梦及眼和呼吸道黏膜充血。

四、对二甲苯

对二甲苯（PX）生产过程：混合二甲苯经过吸附分离法生产，由吸附、解析、分离、精制等工序组成。主要风险是火灾、爆炸和中毒，以及噪声危害、机械伤害等。需防止各类炉、塔、贮槽等设备管线的跑、冒、滴、漏，防止发生火灾；生产对二甲苯所用物料绝大部分属易燃、易爆、有毒介质，必须远离火源、密闭防泄漏。

对二甲苯

对二甲苯属于低毒化合物，在长期接触和短时间接触高浓度该物质会对人体产生严重危害，重复性接触或吸入会使皮肤脱脂，可造成皮肤干裂和刺激，需防止人员中毒，做好个体防护。

五、乙醛

在工业上新的生产方法是将乙烯在氯化铜–氯化钯的催化下用空气直接氧化。通过控制乙烯的氧化可以获得乙醛。目前最重要的乙醛合成法是 Wacker 法。利用 $PdCl_2$、$CuCl_2$ 作催化剂，使空气和乙烯与水反应生成乙醛。主要风险是火灾、爆炸和中毒，还存在噪声危害、机械伤害等。需防止各类炉、塔、贮槽等设备管线的跑、冒、滴、漏，各种油品和可燃气体引发的火灾。乙烯和氧气在一定比例情况下会发生爆炸，乙醛极易燃，需防止出现泄漏而引发着火爆炸。高速运转的压缩机和其他泵类，需防止由于操作不当或失去控制而引发的各种机械事故甚至爆炸。

乙醛

乙醛主要毒作用是刺激皮肤和上呼吸道黏膜。高浓度接触时，出现头痛、嗜睡、神志不清、支气管炎、肺水肿、腹泻、窒息、蛋白尿、肝和心肌脂肪性变等。吸入低浓度蒸气可引起眼、鼻、上呼吸道的刺激，以及支气管炎、皮肤过敏、皮炎等。长期反复接触低浓度蒸气可引起皮炎、结膜炎。慢性中毒还出现体重减轻、贫血、谵妄、视听幻觉、智力丧失和精神障碍。

六、醋酸

醋酸的基本原料有乙醛、甲醇、一氧化碳、裂解轻汽油等。乙醛是生产醋酸的主要原料之一。乙醛氧化法以液态乙醛为原料，采用氧气或空气为氧化剂，在 50 ～ 80℃， 0.6 ～ 1.0MPa 和醋酸锰催化剂存在下，于鼓泡塔式反应器中进行反应，从而获取醋酸。醋酸蒸气与空气形成爆炸性混合物，乙醛蒸气和氧会形成爆炸混合物。遇明火、高热能引发燃烧事故，爆炸。需防止各类设备、管线的跑、冒、滴、漏引发火灾、爆炸。

小贴士
50

醋酸

高浓度醋酸对人体影响：吸入后对鼻、喉和呼吸道有刺激性，对眼有强烈刺激作用。皮肤接触轻者出现红斑，重者引起化学灼伤，误服浓酸，口腔和消化道可产生糜烂，重者可因休克而致死。接触处理醋酸时要使用丁腈手套，戴防护面具，需做好个体防护。

七、精对苯二甲酸

精对苯二甲酸（PTA）生产分为氧化单元和加氢精制单元两部分，原料对二甲苯以醋酸为溶剂，在催化剂作用下经空气氧化成粗对苯二甲酸，再依次经结晶、过滤、干燥为粗品；粗对苯二甲酸经加氢脱除杂质，再经结晶、离心分离、干燥为 PTA 成品。PTA 生产原料为对二甲苯、醋酸、氢气等易燃易爆、有毒有害的介质；工艺过程有激烈的氧化反应和临氢操作，在连续化生产过程中，各危险区域的危险部位都存在着火灾、爆炸危险；PTA 生产的物料多为浆料，易堵塞，介质腐蚀性强。由于腐蚀使机械设备、容器管道、材料强度降低，长期腐蚀会造成管道设备、阀门、机封的破坏，从而引起泄漏着火事故的发生。发生高温醋酸或碱液泄漏喷射，极易造成操作人员和维修人员的呼吸系统和皮肤的严重烧伤，尤其是大面积的酸碱灼伤，更为严重。因此，需防止设备、管线、机封泄漏，接触时佩戴化学防护眼镜、防毒面具，同时做好其他个体防护。

小贴士 51

对苯二甲酸

对苯二甲酸对皮肤和黏膜有一定的刺激作用，还可引起皮疹和支气管炎。生产过程中，应严格密闭，加强通风排风和个人防护，设置安全淋浴和洗眼设备。一旦发生意外，应立即脱去被污染的衣着，用肥皂水和清水彻底冲洗皮肤；用流动清水或生理盐水冲洗眼睛。发生吸入中毒，应迅速脱离现场至空气新鲜处，保持呼吸道通畅，对症处理，维持生命体征，预防并发症发生。

八、环氧乙烷、乙二醇

以乙烯和氧气、致稳甲烷为主要原料生产环氧乙烷。生产工艺在混合气体的爆炸极限区边缘控制操作，在较高压力和温度下进行强放热的化学反应。所使用的原料、中间产品、产品和副产品，如乙烯、环氧乙烷、甲烷等，都是易燃、易爆和有毒有害物质，具有自燃点低、爆炸极限宽等特点。环氧乙烷生产装置中氧化反应器的危险性较大，必须采取措施控制氧气浓度，使其处于爆炸范围之外，从而降低危险性等级，保证装置的安全稳定运行。需加强在线过程分析仪器的数据测试准确性的功能，确保单元氧化反应不进入爆炸区域内进行，增加在线过程分析仪器的测试点。对可燃性气体检测器应做定期检查，确保可燃性气体泄漏到一定浓度时能使装置及时安全停车。安全阀、压力表、温度计和液位计必须按规定定期进行校验，保证完好备用。工艺设备报警联锁点必须保证完好。必须切实落实各项安全生产管理制度，尤其是在控制明火及其他点火源等方面制定严格的规定，控制各种可能的点火源的存在。环氧乙烷泵防泵憋压和轴承温升的连锁控制要处于完好状态。定期检查水喷淋保护系统，保持通畅。环氧乙烷贮罐液位要低于规定值，氮封系统维持正常，水喷淋保护系统保持通畅。

小贴士 52

环氧乙烷

环氧乙烷多以气态形式经呼吸道吸收，液态可经皮肤和消化道吸收。急性中毒表现为上呼吸道刺激症状，出现流泪、流涕、咳嗽、胸闷、呼吸气促、眼结膜及咽部充血，严重时也可出现肺水肿；还可出现神经系统症状，表现为头晕、搏动性头痛、乏力、萎靡不振、全身肌束震颤、出汗、手足无力、步态不稳、四肢感觉减退、跟腱反射减弱或消失等，严重时出现语言障碍、共济失调、意识障碍，乃至昏迷等。长期接触可引起神经衰弱综合征和自主神经功能紊乱。生产过程中，应加强防火、防爆措施，定期检修维护生产管道和容器，以免泄漏发生意外事故。生产车间应设有效通风排气设备，佩戴有效个人防护用品。一旦发生意外，需紧急采取应急处置措施。

小贴士 53

乙二醇

乙二醇可通过呼吸道和消化道吸收。吸入中毒时表现为反复发作性昏厥，可有眼球震颤，低血钙所致肌肉抽搐、痉挛等以及精神障碍、括约肌失禁、昏迷、肺水肿、青紫、蛋白尿、血尿、尿中有草酸盐结晶、少尿，甚至出现肾功能衰竭等，恢复后可能残留中枢神经系统的损害。生产过程应严格密闭操作，加强通风排风和个人防护。

九、丁醇、辛醇

以丙烯、合成气（一氧化碳和氢气）为原料混合，在反应器和催化剂的作用下经分离、缩合、加氢、精馏的过程生产辛醇、丁醇。羰基合成反应器将丙烯与合成气反应生成正丁醛和异丁醛。参加反应的丙烯、氢气、一氧化碳，以及生成物正丁醛、异丁醛等都是易燃易爆易中毒的物质；加氢反应器使用的氢气易燃易爆。这两个反应器要定期监督检查仪器报警信号、自动分析报警仪、可燃气体报警仪、一氧化碳浓度检测仪，以及连锁系统是否投用和处于完好状态。仪表控制系统应定期校验。定期检查丁醛合成气以及氢气所经过的设备、管线上的法兰、导淋等的泄漏情况和设备隐患、缺陷的处理情况，防止自燃。经常检查设备进料配比是否稳定。

火炬系统是用来将装置排出的废气废液分离后，将废气烧掉，废液返回装置以回收有用组分的系统。该系统处理的均是易燃易爆易中毒的物质，应防止出现泄漏、满液、熄火等故障。应随时监视系统状态，监视火炬有无熄灭现象，检查火炬点火系统是否正常，应具备随时点火的条件。经常检查天然气是否正常供给，天然气、引燃器、火炬各管线、设备上的法兰等有无泄漏。经常检查分离罐液位是否正常，分离罐泵是否正常备用，是否具备随时可将物料送回装置的条件。一氧化碳、正丁醛、异丁醛，产品丁醇、辛醇均为易中毒物质，对皮肤、黏膜具有一定刺激性，要做好个人防护。

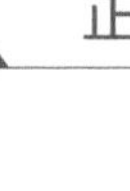

小贴士 54

正丁醇

正丁醇对眼睛、皮肤、黏膜和上呼吸道有刺激作用。主要症状为眼、鼻、喉部刺激，头痛、眩晕、嗜睡和胃肠功能紊乱，较高浓度吸入可造成听力和听神经损害。生产过程应密闭，定期进行设备检修，杜绝跑、冒、滴、漏。

一氧化碳

吸入一氧化碳后，轻度中毒者出现剧烈头痛、头晕、心跳、眼花、恶心、呕吐、烦躁、步态不稳、四肢无力、轻度至中度意识障碍。中度中毒者，还有皮肤黏膜呈樱红色，脉快、烦躁、步态不稳、浅至中度昏迷。重度中毒时，意识障碍严重，患者深度昏迷或植物状态，出现瞳孔缩小、肌张力增强、频繁抽搐、大小便失禁，严重者出现躁动、意识混乱，甚至死亡。一旦发生意外，抢救人员必须佩戴空气呼吸器，穿防静电服进入现场，迅速将中毒者移离现场至空气新鲜处，保持呼吸道通畅，必要时输氧。呼吸心跳停止时，立即进行人工呼吸和胸外心脏按压。生产过程中，要加强生产设备的密闭化，加强局部排风和全面通风措施。使用一氧化碳的锅炉、输送管道和阀门要经常维修、防止泄漏，现场使用一氧化碳自动报警器或红外线一氧化碳自动报警仪。作业时严格遵守安全操作规程，进入罐、有限空间或其他高浓度区作业，须有人监护，并采取有效的个人防护和应急救援措施。

十、环氧氯丙烷、甘油

丙烯高温氯化法是生产环氧氯丙烷及甘油的主要手段。所用原料及产品均系易燃易爆、有毒和强腐蚀性物质。丙烯储罐是供给氧化反应器丙烯单体的中间储罐。排水作业有跑料着火的危险。丙烯压缩机由于振动较大，易震裂管线焊口，使丙烯喷出，易爆炸着火。废油燃烧炉是废油处理装置，尾气经冷却室冷却，一旦冷却水失控会造成高温尾气后移而发生火灾。盐酸装车必须按规定进入装置装酸，严禁装车时拉出管子观察液位，操作人员应穿戴防酸护品，做好个人防护。

环氧氯丙烷

环氧氯丙烷可经呼吸道、皮肤和消化道吸收。急性中毒时，有急性刺激反应，可出现暂时性鼻腔烧灼感，眼和咽喉刺激症状，皮肤出现红斑、水肿和丘疹，严重者出现水疱和溃疡。生产过程要加强密闭化，避免发生跑、冒、滴、漏，加强通风排风和个体防护措施。

氯化氢（盐酸）

接触氯化氢气体或盐酸烟雾后迅速出现眼和上呼吸道刺激症状，眼睑红肿、结膜充血水肿、鼻咽部有烧灼感及红肿，甚至发生喉痉挛、喉头水肿，严重者则引起化学性肺炎和肺水肿。长期接触可引起慢性鼻炎、慢性支气管炎、皮肤干裂和痛痒等。盐酸烟雾的长期接触，还可引起牙龈糜烂和牙酸蚀症。生产过程中，设备要严加密闭，现场设置局部排风和全面通风，设置安全淋浴和洗眼设备，个体防护需佩戴过滤式防毒面罩（半面罩）。应急处置时，必须佩戴空气呼吸器、化学安全防护眼镜、穿化学防护服、戴橡胶手套。

十一、氯乙烯

氯乙烯可由乙烯和乙炔制备，以乙烯法为主。乙烯经氯化、裂解、精馏等生产工艺制备。乙烯、氢气、氯乙烯、二氯乙烷为可燃气体和液体，工艺中同时存在大量的氧气，极易形成可燃性空气混合物，且许多单元为高温作业单元，易发生火灾爆炸事故。高温设备、管道若不采取隔热防护措施，有高温灼伤的危险。压缩机、送料泵等运转设备，其暴露在外的转动部分，如果安全防护罩等保护措施损害、不符合规范要求，存在作业人员发生机械伤害的危险。氯气、氯乙烯等为有毒物质，泄漏易造成急性中毒事故，有毒作业岗位人员应严格做好个人防护。

氯乙烯

氯乙烯对动物和人有致癌作用，为肝血管肉瘤。高浓度可表现为麻醉作用，可出现眩晕、胸闷、嗜睡、步态蹒跚等，严重中毒可发生昏迷、抽搐，甚至造成死亡。皮肤接触氯乙烯液体可致红斑、水肿或坏死。长期接触可引起肝血管瘤和致畸、致突变，并且出现明显的“剂量－反应”关系。生产过程中，要加强密闭化、自动化，做好设备维护保养。生产过程中，加强局部抽风和全面排风，做好个体防护措施和环境监测。一旦发生意外，应立即脱去被污染的衣着，用肥皂水和清水彻底冲洗皮肤；用流动清水或生理盐水冲洗眼睛。发生吸入中毒，应迅速脱离现场至空气新鲜处，保持呼吸道通畅，对症处理，维持生命体征，预防并发症发生。

二氯乙烷

二氯乙烷主要经呼吸道吸入，具有刺激性。急性中毒可表现为头痛、恶心、兴奋、激动，严重者很快发生中枢神经系统抑制而死亡；也可表现为胃肠道症状为主，呕吐、腹痛、腹泻，严重者可发生肝坏死和肾病变。长期吸入低浓度二氯乙烷可有头晕、头痛、乏力、睡眠障碍等神经衰弱综合征的表现，可有食欲减退、恶心、呕吐等消化道症状。皮肤接触可引起干燥、皲裂和脱屑。生产过程中，应严格密闭，加强通风排风，设置安全淋浴和洗眼设备，尽量避免生产现场温度过高，并加强作业环境空气监测。一旦发生意外，应立即脱去被污染的衣着，用肥皂水和清水彻底冲洗皮肤；用流动清水或生理盐水冲洗眼睛。发生吸入中毒，应迅速脱离现场至空气新鲜处，保持呼吸道通畅对症处理，维持生命体征，预防并发症发生。

十二、聚醚（多元醇）

聚醚多元醇的主要生产原料为环氧乙烷、环氧丙烷等，生产工艺由聚合、中和、压滤等工序组成。这些生产原料均属危险化学品，存在着爆炸、燃烧、中毒等危险，若超过了危险化学品临界量（生产区、贮存区），聚醚多元醇生产装置则构成重大危险源。同时聚醚多元醇的生产工艺主要是聚合反应，反应类型为放热反应。如果反应过程中热量不能及时移出，物料随温度上升极易发生暴聚；暴聚所产生的大量热量又进一步加剧暴聚过程，温度急剧上升使反应釜内压力急剧上升，一旦超过反应釜耐压极限易引起反应釜爆炸。

环氧丙烷为易燃易爆品、贮存系统故障、冷冻盐水温度高、贮槽密封不严等情况出现，存在火灾、爆炸的危险。应采用带冷却的屏蔽泵，防止在泵内发生自聚；搅拌器密封宜采用双端面机械密封；为避免环氧乙烷储运系统发生自聚用冷冻盐水保温，设回流流程确保环氧乙烷流动，储罐设置氮封保护系统；有毒有害物质作业人员必须做好个人防护。

小贴士 60

环氧丙烷

环氧丙烷主要经呼吸道吸收，液态也可通过皮肤吸收。急性中毒时，出现呼吸道刺激症状，表现为眼痛、流泪、眼结膜及咽部充血、胸闷、气急、呼吸困难等，神经系统出现头痛、头晕、头胀、步态不稳、共济失调、烦躁不安或昏迷等，还可出现恶心、呕吐、中毒性肠麻痹、消化道出血和肝肾功能损害，甚至肾衰竭；皮肤直接接触可发生局部刺激、疼痛和红肿，严重者出现水疱和坏死。眼部接触，可引起角膜和结膜不同程度灼伤。长期低浓度环氧丙烷接触会使暴露部位皮肤粗糙，个别可发生皮炎，双手皮肤干燥、皲裂等。发生急性中毒时立即脱离现场，吸氧，就医；皮肤灼伤时，用大量清水冲洗；眼灼伤者，用大量清水充分冲洗 15 分钟以上，就医治疗。生产过程要加强密闭化，避免发生跑、冒、滴、漏，加强通风排气和个体防护措施。

十三、苯酐

苯酐生产的主要原料为邻二甲苯、二氧化硫、催化剂等易燃、有毒物质，工艺过程包括原料混合、氧化、冷凝、热处理、蒸馏、精馏、冷凝、切片等过程。所用原料及产品均为危险性类别高，高闪点易燃液体，其蒸气与空气可形成爆炸性混合物，遇明火、高热能引起燃烧爆炸。苯酐生产工艺、装置控制要求高，汽化器、主反应器、熔盐炉、熔盐冷却器、气体冷却器均易出现故障，发生爆炸。要经常对设备管道进行消除跑、冒、滴、漏和排风系统正常运行情况以及放射防护性检查。苯酐的粉尘或蒸气对皮肤、眼睛及呼吸道有刺激作用，作业场所需监测苯酐等有毒有害物质的浓度，采取有效的措施控制，加强作业人员个人保护，避免危害事件的发生。

十四、直链烷基苯

采用氢氟酸催化剂烷基化反应生产直链烷基苯工艺，主要由精制煤油加氢、分子筛脱蜡、脱氢、烷基化等工序组成。生产物料氢气、轻汽油、二甲基硫醚、硫化氢、苯、氟化氢、正戊烷、异辛烷、对二甲苯等，均为易燃易爆有毒物质。加氢反应器因高温高压临氢，易发生泄漏引起着火或爆炸事故。因反应器长期处于高温高压氢气中，会使钢材产生氢脆，故需定期进行氢脆腐蚀及强度检测鉴定。

脱氢反应器介质为氢气、正构烷烃和烯烃，高温下操作的反应器及其管道系统，易发生泄漏或着火爆炸。停车或更换催化剂时，必须用氮气置换氢气。发现法兰泄漏时，应提示必须在惰性气体掩护下紧固法兰或停车处理。

烷基化酸区的烷基化反应是以氢氟酸为催化剂。设备易被氢氟酸腐蚀损坏造成泄漏，对操作人员有很大威胁，应加强防护。督促定期对设备管线进行测厚、试压，所有安全附件必须定期检查，并都要做好记录。

小贴士 61

烷基苯

烷基苯用于制造合成洗涤剂。长期接触对皮肤、眼及上呼吸道黏膜有刺激作用。生产过程中，应严格密闭，加强通风排风和个人防护。一旦发生意外，应立即脱去被污染的衣着，用肥皂水和清水彻底冲洗皮肤；用流动清水或生理盐水冲洗眼睛等。

氢氟酸

氢氟酸是氟化氢气体的水溶液，为无色、发烟的腐蚀性极强的液体，有剧烈刺激性气味。氢氟酸是一种弱酸，对衣物、皮肤、眼睛、呼吸道、消化道黏膜均有刺激、腐蚀作用。氢氟酸对皮肤有强烈的腐蚀作用；灼伤初期皮肤潮红、干燥；创面苍白、坏死，继而呈紫黑色或灰黑色；深部灼伤或处理不当时，可形成难以愈合的深溃疡，损及骨膜和骨质。眼接触高浓度氢氟酸可引起角膜穿孔；接触氢氟酸蒸气，可发生支气管炎、肺炎等。长期接触低浓度氢氟酸，眼和上呼吸道有刺激症状，或有鼻出血，嗅觉减退，可有牙齿酸蚀症。操作人员应佩戴自吸过滤式防毒面具（全面罩），穿橡胶耐酸碱服，戴橡胶耐酸碱手套。

生产应密闭操作，注意通风，尽可能机械化、自动化；工作场所提供安全淋浴和洗眼设备。

十五、丙烯腈

丙烯腈主要采用丙烯氨氧化法生产，生产工序主要由氧化和回收精制组成。生产中所使用的原料、辅料和产品、副产品均有易燃易爆、有毒有害等危险性。作业生产主要危险因素及风险是：丙烯腈生产装置属于火灾危险性甲类装置，在生产过程中因设备材质、焊接、密封老化、误操作等原因易造成泄漏事故；其蒸气可通过呼吸道进入人体，也易经皮肤吸收而引起中毒；丙烯、丙烯腈等气体相对分子质量较大，泄漏后往往沉积于低洼处，不易扩散，与空气混合形成爆炸性混合物，遇明火高热则发生燃烧爆炸，并释放出有毒气体，对呼吸中枢有直接麻醉作用。中毒临床表现为以中枢神经系统症状为主，伴有上呼吸道和眼部刺激症状。作业场所要设置安全淋浴和洗眼设备，配备急救设备及药品。作业人员操作时，应穿连体式胶布防毒衣，戴橡胶手套。可能接触有毒蒸气时，必须佩戴自吸过滤式防毒面具（全面罩）。生产所用的丙烯、氨进入气化区前为液态，在气化过程中要吸收大量的热量。在接触这些液化物料时应注意防冻，以免发生低温冻伤。紧急抢救或撤离时，需佩戴空气呼吸器。

丙烯腈

丙烯腈为窒息性化学物，对眼和上呼吸道黏膜有刺激作用，对呼吸中枢有麻醉作用。急性中毒时，表现为黏膜刺激、头晕、头痛、四肢无力、呼吸困难、恶心、呕吐、手足麻木、喉部烧灼感，严重者有胸闷、烦躁不安、心悸、呼吸不规则、痉挛，如不及时抢救可发生呼吸停止。长期接触丙烯腈，可出现神经衰弱综合征，表现有头晕、头痛、乏力、失眠、多梦、心悸、食欲不振等，还可见血压下降、腱反射亢进和肝脏损害等。皮肤接触丙烯腈，可致接触性皮炎，表现为红斑、疱疹及脱屑，预后可残留色素沉着。皮肤沾染后如不及时清除可导致红肿、灼痛及烧伤。生产过程中，应严格密闭，加强通风排风和个人防护，设置安全淋浴和洗眼设备。一旦发生意外，应立即脱去被污染的衣着，用肥皂水和清水彻底冲洗皮肤；用流动清水或生理盐水冲洗眼睛。发生吸入中毒，应迅速脱离现场至空气新鲜处，保持呼吸道通畅对症处理，维持生命体征，预防并发症发生。

十六、乙苯、苯乙烯

乙苯生产大多采用苯和乙烯液相烷基化制备乙苯，以及乙苯负压绝热脱氢制备苯乙烯的方法，工艺过程由烷基化、洗涤、乙苯精馏、脱氢、苯乙烯精馏等工序组成，涉及设备众多。物料苯乙烯、苯、乙苯、多乙苯、氢气等都具有易燃易爆、有毒有害的特性，有些还具有强腐蚀性等。此外，作业人员还受到高温、噪声等物理因素的影响。乙苯的工艺过程多涉及高温高压，过高的温度和压力以及管道的异常都有可能导致超温超压，造成物料泄漏，引起中毒、着火、爆炸等严重后果。需严格监视反应器的温度和压力，定期用特殊的红外测温仪测定反应器有无过热点，并紧急处理异常情况；反应器降温用的喷淋水必须保持随时可用。作业人员采取以个体防护为主的防毒、防尘、降噪措施，如身穿工作服，佩戴防尘口罩，佩戴弹性耳塞和耳罩等。

乙苯

乙苯带有强烈的刺激气味，属低毒类。急性中毒可引起鼻、咽、喉和气管的刺激症状，并有胸闷、头晕；

严重者有恶心、呕吐、步态蹒跚、昏迷，醒后可有脑病和中毒性肝炎。直接吸入本品液体可致肺水肿、出血和化学性肺炎。长期接触主要为神经衰弱综合征、呼吸道刺激症状。皮肤经常接触可发生水肿、脱皮、粗糙及皲裂。

十七、苯胺

苯胺生产大多采用硝基苯催化加氢法，工艺过程为加氢、脱水、精馏等几个步骤。所用原料和硝基苯、氢气及苯胺等产品均为易燃、易爆且有毒性的物质。氢气泄漏后上升并滞留屋顶，不易自然排出，与空气混合后，遇火星、高热易发生燃烧爆炸。苯胺可燃，遇明火、强氧化剂、高温有火灾危险。因此，生产过程中，应防止发生泄漏引起火灾和爆炸，造成人员中毒及伤亡。制氢工序和硝基苯加氢反应器是防火、防爆、防中毒的重点监督部位。作业人员必须经过专门培训，严格遵守操作规程。定期检查装置的泄漏情况，及时消除隐患。该装置对火种及撞击震动很敏感，作业时严禁敲打、撞击及打火行为。硝基苯、苯胺毒性较强，吸入或皮肤吸收均可引起人员中毒，作业人员须佩戴过滤式防毒面具（半面罩），戴安全防护眼镜，穿防毒物渗透工作服，戴橡胶耐油手套。

小贴士 65

苯胺

苯胺具有特殊气味、易燃，可经呼吸道、皮肤和消化道进入机体。急性中毒时，可出现头昏、头痛、乏力、恶心、手指麻木及视力模糊等症状，甚至出现心悸、胸闷、呼吸困难、精神恍惚、恶心、呕吐、抽搐等，严重者可发生休克、心律失常以至昏迷、死亡；肾脏受损时，出现少尿、蛋白尿、血尿等，严重者甚至无尿，发生急性肾功能衰竭。慢性中毒时，患者表现神经衰弱综合征，往往伴有轻度发绀、贫血和肝脾肿大等。皮肤经常接触苯胺还可产生湿疹和皮炎等。生产过程中，应严格密闭，加强通风排风和个人防护，设置安全淋浴和洗眼设备。一旦发生意外，应立即脱去被污染的衣着，用肥皂水和清水彻底冲洗皮肤；用流动清水或生理盐水冲洗眼睛。发生吸入中毒，应迅速脱离现场至空气新鲜处，保持呼吸道通畅对症处理，维持生命体征，预防并发症发生。

十八、硝基苯

硝基苯生产一般以苯为原料，以硝酸和硫酸的混合酸为硝化剂，采用连续硝化、真空精馏的方法。硝基苯生产工艺主要包括苯硝化、中和水洗、精馏等单元过程，涉及的主要物料有：硝酸、硫酸、氢氧化钠、苯、硝基苯和硝基酚类物质，均是危险化学品，具有易燃易爆、有毒有害、强腐蚀、强氧化的特点。在硝基苯精馏过程中，由于硝化副反应生成的杂质（主要为硝基酚盐类）爆炸危险性很高，而且极易积累在精馏塔釜和再沸器等受热部位，监测和处理不及时就容易发生爆炸。硝化釜是安全生产监督的重点部位，往釜中投料时应严格计量，避免过多热量产生，并减少副产物产生；定期检查釜中冷却水的水量，消除安全隐患。作业人员操作时应穿透气型防毒服，戴安全防护眼镜、防苯耐油手套及胶皮靴等。可能接触其蒸气时，佩戴过滤式防毒面具（半面罩）。紧急事态抢救或撤离时，建议佩戴自给式呼吸器。

小贴士 66

硝基苯

硝基苯经呼吸道、消化道及皮肤均可吸收。急性中毒时，主要产生高铁血红蛋白血症，可有头痛、头昏、乏力、皮肤黏膜发绀、手指麻木等症状；严重中毒时，可出现胸闷、呼吸困难、心悸，甚至发生心律失常、昏迷、抽搐、呼吸麻痹；还可引起溶血性贫血、黄疸、肝脏肿大、压痛、肝功能异常等。慢性中毒时，可有神经系统功能性改变，如头痛、头昏、乏力、失眠、多梦、记忆力减退等；有慢性溶血时，可出现贫血、黄疸。生产过程中，应严格密闭，加强通风排风和个人防护，设置安全淋浴和洗眼设备。一旦发生意外，应立即脱去被污染的衣着，用肥皂水和清水彻底冲洗皮肤；用流动清水或生理盐水冲洗眼睛。发生吸入中毒，应迅速脱离现场至空气新鲜处，保持呼吸道通畅对症处理，维持生命体征，预防并发症发生。

小贴士 67

硝酸

硝酸有刺鼻的窒息气味，具有强氧化剂作用，对皮肤黏膜有强烈腐蚀性。浓硝酸蒸气被吸入后，可立即引起上呼吸道黏膜刺激症状，出现流泪、呛咳、胸闷、咽喉灼痛，并伴头晕、头痛，严重者可发生喉痉挛和水肿，出现窒息。硝酸蒸气中，可混有各种氮氧化物，出现呼吸道刺激症状，引起肺水肿。高浓度硝酸吸入后可立即发生窒息、惊厥和呼吸麻痹。长期低浓度刺激可致呼吸道慢性炎症，如慢性鼻炎、咽喉炎、气管炎及支气管炎，还可引起牙齿酸蚀症。皮肤组织接触硝酸液体后可对皮肤产生腐蚀作用，严重者形成灼伤、腐蚀、坏死、溃疡。生产过程需密闭操作，尽可能机械化、自动化，并注意通风换气。一旦发生皮肤接触后，应立即脱离现场，脱去被污染的衣着，用大量流动清水冲洗至少 15 分钟，尽快就医。眼睛接触后应立即脱离现场，立即用大量流动清水或生理盐水彻底冲洗至少 15 分钟，尽快就医。

小贴士 68

硫酸

硫酸对皮肤、黏膜等组织有强烈的刺激和腐蚀作用。硫酸蒸气或雾可引起结膜炎、结膜水肿、角膜混浊，以致失明；还引起呼吸道刺激，重者发生呼吸困难和肺水肿；高浓度引起喉痉挛或声门水肿而窒息死亡。皮肤灼伤轻者出现红斑，重者形成溃疡，预后瘢痕收缩影响功能。溅入眼内可造成灼伤，甚至角膜穿孔、全眼炎以至失明。慢性影响多见于长期接触硫酸雾的工人，可有鼻黏膜萎缩伴有嗅觉减退或消失，慢性支气管炎、支气管扩张、肺气肿、肺硬化和牙齿酸蚀症。作业中，应密闭操作，注意通风，尽可能机械化、自动化，现场提供安全淋浴和洗眼设备。一旦发生皮肤接触时，应立即脱去被污染的衣着，用大量流动清水冲洗至少 15 分钟后，就医；眼睛接触时，应使用大量流动清水或生理盐水彻底冲洗至少 15 分钟后就医治疗。一旦发生意外，应迅速脱离现场至空气新鲜处，保持呼吸道通畅。发生呼吸心搏骤停，需立即进行心肺复苏（图 3–3）。

在可能发生化学性灼伤及经皮肤黏膜吸收引起急性中毒的工作地点或车间，就近设置现场应急处理设施。

洗眼器和淋浴器作为事故发生时的急救设备，其设置的目的是在第一时间提供水冲洗作业者遭受化学物质喷溅的眼睛、面部或身体，降低化学物质可能造成的伤害。

图 3–3　现场就近设置应急处理设施

十九、甲醛

甲醛的生产采用电解银法，工艺过程是将甲醇、空气和水蒸气的混合气进入反应器，在电解银催化剂作用下氧化生成甲醛。过程较为复杂。生产的副反应较多，产生的氢气、甲烷、水、一氧化碳、二氧化碳等副产物增加了火灾发生的风险。生产过程中意外泄漏或事故性溢出危险性最高，易发生火灾和爆炸。甲醛储罐区和甲醇储罐区为重大危险区域。因操作不当、防护措施不到位或无防护，可引起人员中毒事故。作业人员应做好个人防护，工作时应穿工作服，必要时戴防护口罩或防毒面具。紧急事态下抢救或撤离时，必须使用正压自给式呼吸器，戴化学安全防护眼镜，手戴耐酸碱橡胶手套。工作场所应配备应急救援的设施、器具与个体防护用品，如冲洗器和洗眼器、空气呼吸器、灭火抢救人员防护用具、耐酸碱防护手套、耐酸碱防护服、医用氧气袋、防灼伤药膏等。

小贴士
69

甲醛

甲醛是无色、有强烈刺激性气味的气体。急性中毒时，表现为眼及上呼吸道黏膜刺激，流泪、眼痛、结膜炎、眼睑水肿、角膜炎、鼻炎、嗅觉丧失、咳嗽、咽喉炎、支气管炎；同时有多汗、头痛、眩晕、颜面及皮肤充血；眼鼻黏膜、会厌、声带充血，严重者发生喉痉挛、声门水肿、肺水肿、呼吸困难、窒息等。慢性中毒，可有头痛、软弱无力，部分人员有消化障碍、兴奋、震颤、视力障碍。皮肤直接接触，可主要表现为急性接触性皮炎，少数表现为广泛性皮炎，还可发生湿疹、皮肤色素沉着、手部过度角化等。一旦发生中毒，立即脱离中毒环境，脱去污染衣物，卧床休息，保持安静并保暖。皮肤接触处用清水或肥皂水冲洗。

二十、对苯二甲酸二甲酯

对苯二甲酸二甲酯（DMT）由对二甲苯与甲醇酯化而得，采用威顿法或称威顿－赫格里斯法工艺。该工艺所用物料对二甲苯和甲醇均易燃易爆、有毒；催化剂醋酸钴、醋酸锰有低毒作用。生产中 DMT 粉尘能与空气形成爆炸性混合物。生产装置中的酯化单元和氧化单元是防火防爆防毒的重点部位，最主要危险是气体爆炸和火灾。酯化单元的危险来源于甲醇蒸汽压力过高时发生的爆炸和高温高压甲醇气泄漏所引起的火灾爆炸。氧化单元的气体爆炸危险来源于氧化塔塔顶气中可能的超标氧气与对二甲苯混合而造成气体爆炸。要严查跑、冒、滴、漏现象。作业人员工作时应穿长袖工作服、戴防护面罩，以免发生烫伤和吸入 DMT 粉尘。

小贴士 70

对苯二甲酸二甲酯

对苯二甲酸二甲酯为无色结晶、可燃，遇明火、高热、氧化剂有发生燃烧的危险。对苯二甲酸二甲酯对眼及上呼吸道有刺激，具有全身毒作用。生产过程中，应严格密闭，加强通风排风和个人防护，设置安全淋浴和洗眼设备。一旦发生意外，应立即脱去被污染的衣着，用肥皂水和清水彻底冲洗皮肤；用流动清水或生理盐水冲洗眼睛。发生吸入中毒，应迅速脱离现场至空气新鲜处，保持呼吸道通畅对症处理，维持生命体征，预防并发症发生。

二十一、环己烷、醇酮

环己烷为苯通过加氢产生，将所得环己烷与混合气经过氧化、预浓缩、氧化洗涤、脱水、精馏后得到醇酮产物。苯、氢气、环己烷均是易燃易爆物质，环己醇和环己酮为可燃可爆物质，同时苯、环己烷及醇酮均具有毒性。在生产过程中，每个步骤均易出现火灾爆燃事故，因此，需定期检查各机器设备的水喷淋系统及蒸汽灭火系统，保证有效运行，同时需保证机器设备有关部位密封，无泄漏。作业人员应做好个人防护。

环己烷

环己烷为无色气体，有汽油味，易燃，不溶于水，蒸汽与空气会形成爆炸性混合物，遇高热明火可燃烧爆炸。环己烷能在低处扩散，主要经呼吸道吸入人体，可致急性中毒，抑制中枢神经系统，高浓度环己烷有麻醉作用。环己烷对眼和上呼吸道黏膜有轻度刺激作用，液体环己烷污染皮肤可引起痒感。生产过程中，应注意密闭操作，加强通风，远离火种、热源；作业人员应佩戴过滤式防毒面具或口罩、防护眼镜、防静电工服、手套等。

小贴士 72

醇酮（环己醇和环己酮）

醇酮为环己醇和环己酮的简称。环己醇为无色晶体或液体，具有樟脑气味，稍溶于水，遇热、明火可引起燃烧。环己醇主要经由呼吸道或皮肤吸入人体，在空气中浓度达到一定程度时，对人的眼、鼻咽喉有刺激作用，接触可引起皮炎。环己酮为无色或微黄色可燃液体，主要刺激呼吸道、皮肤及消化道，长期接触可以引起眼结膜的明显刺激和角膜损害。一旦发生中毒，应迅速将患者转移至安全区空气清新处，除去污染衣物，保持呼吸道通畅；皮肤污染使用肥皂水和清水冲洗。

二十二、己二酸

己二酸是以醇酮为原料，用硝酸氧化生产的。其中，醇酮为易燃、易爆、有毒物质；硝酸具有强腐蚀性，己二酸也为低毒物质，并可燃可爆。生产过程中，氧化反应产生的有害气体、形成的爆炸性混合物等危害最大。因此，应注意控制反应温度；严格做好防静电工作，防止因静电引起火灾、爆炸。在日常工作中，还应做到定期检查设备、管道的腐蚀情况，做好防护工作，应注意防酸防灼。

二十三、己二腈

己二腈通常是以己二酸原料，与过量氨进行反应而成。工艺过程分为加氨反应、半腈蒸发、洗涤、过滤、脱水、拔顶、脱尾等工序。在生产所涉及到的物料中，己二酸、氨、己二腈可燃可爆、有毒。生产中，温度高、爆炸危险性大，必须做到设备密封，无泄漏。因设备材质、焊接、密封老化、误操作等原因，易造成泄漏，发生火灾、爆炸、烫伤、中毒等事故。在作业时，应注意密闭操作，加强通风，远离火种、热源，作业人员应穿戴好防护用品，注意防酸防灼，戴橡胶手套。接触有毒蒸气时，必须佩戴自吸过滤式防毒面具。

在生产过程中，主要存在以下危害，首先是己二酸和氨的反应，反应温度高，爆炸的危险性大；反应产物己二腈毒性大，高温易喷溅，易使人中毒；排放焦油时有着火危险，若操作不当，压力不稳，则危险性更大。因此，在生产过程中，应当注意控制反应温度，使反应温度平稳并低于290℃；各环节必须做到设备密封，无泄漏；要按照规程操作，作业人员做好防护。

小贴士 73

己二腈

己二腈属中等毒类。中毒症状有黏膜刺激、运动性兴奋，出现头痛、眩晕、呕吐、乏力、呼吸急促、心动过速、意识模糊和抽搐，可产生强直性痉挛、呼吸困难，甚至死亡。己二腈对皮肤有刺激作用，易经皮肤吸收，可使局部皮肤充血。生产过程中，应严格密闭，加强通风排风和个人防护，设置安全淋浴和洗眼设备。一旦发生意外，应立即脱去被污染的衣着，用肥皂水和清水彻底冲洗皮肤；用流动清水或生理盐水冲洗眼睛。发生吸入中毒，应迅速脱离现场至空气新鲜处，保持呼吸道通畅对症处理，维持生命体征，预防并发症发生。

小贴士 74

焦油

焦油为煤、油页岩、原油等含碳物质经干馏后的黄色至黑色油状易燃液体，有焦油烟味，含有烷类（烷烃、烯烃、二烯烃、环烷、环烯、单环、双环可能还有多环芳烃）、含氧化合物（酸、酚、酮、醇及酯类）、含硫化合物（硫醇、硫醚、二硫化物、噻吩等）、沥青、含氮化合物（吡啶、喹啉、氢化吡啶），还含有苯并芘等。高温分解放出有毒的气体，燃烧分解生成一氧化碳、二氧化碳、成分未知的黑色烟雾。反复接触焦油可引起皮肤色素沉着、干燥、裸露部位灼痛、皮炎、痤疮、毛囊炎、光毒性皮炎、中毒性黑皮病、疣赘及癌肿，可引起鼻中隔损伤。吸入焦油饱和蒸汽，可出现恶心及头痛。

二十四、己二胺

己二胺由己二腈经加氢反应制备而来，主要流程是己二腈和氢气在经乙醇稀释的催化剂雷尼镍（Ni/Ag 粉）的催化下生成己二胺。反应原料及产品己二腈和己二胺具有可燃、可爆、有毒的特点，氢气和乙醇具有易燃、易爆的特性。加氢反应危险性较大，应严格控制反应温度、压力，防止氢气泄漏。由于镍粉粉尘较大，在配置催化剂时应在通风良好的工作环境中进行，并做好个人防护。稀释催化剂所用的乙醇是由汽车槽车运输，在卸车时要接好静电接地线。作业时应注意密闭操作，加强通风，远离火种、热源，作业人员应穿戴好防护用品，注意防灼伤，需戴橡胶手套。接触有毒蒸气时，必须佩戴自吸过滤式防毒面具（全面罩）。若不慎将己二胺溅入眼睛或皮肤，应立即用清水及硼酸溶液清洗。

乙醇

吸入高浓度乙醇气体可发生中毒，表现为兴奋，进一步影响到皮质下中枢和小脑时，出现步态蹒跚、共济失调等运动障碍；血管运动中枢和呼吸中枢受抑制时，可出现虚脱、呼吸浅表等症状，重症者可致死。长期接触含高浓度乙醇空气，可出现头痛、头晕、易激动、乏力、震颤、恶心、轻度黏膜刺激症状，甚者肝功能损害。皮肤反复接触可引起干燥、脱屑、皲裂和皮炎。长期酗酒者可有皮肤营养障碍、多发性神经炎、慢性胃炎、脂肪肝、肝功能减退、肝硬化、心肌损害、器质性精神病等表现。

己二胺

己二胺为无色片状结晶，有类似胡椒一样的气味，微溶于水，易溶于乙醇和苯，能吸收空气中的水和二氧化碳。己二胺为低毒毒物，接触已二胺蒸气可致眼结膜和上呼吸道刺激症状，出现流泪、咽部不适、咳嗽、胸闷等；溅到眼睛里可以引起眼部灼伤，眼睑红肿充血。吸入高浓度时可产生头晕、头痛、失眠，部分患者可出现湿疹样皮炎，多见于手部及面部。皮肤及眼睛沾染时，应立即用清水及2.5%～3%硼酸溶液清洗，对症处理。

二十五、尼龙六六盐结晶

尼龙六六盐又称己二酸己二胺盐，是生产尼龙六六聚合物的单体物质。由己二酸与己二胺发生缩聚反应，经氮气流干燥结晶后制得。由于在结晶过程中产生的粉尘能与空气形成爆炸混合物，故在反应过程中应严格控制氮气流的氧含量，定期校验在线氧分析仪。由于整个生产过程处于氮气保护下发生，故要时刻提防氮气窒息，定期对尼龙六六盐结晶粉尘进行监测并控制粉尘浓度。

二十六、苯酚、丙酮

生产苯酚时，以丙烯和苯为原料，三氯化铝络合物为催化剂，用异丙苯法生产，同时会产生丙酮。整个生产工序主要由烃化、氧化、分解、精馏、回收组成。

工艺流程是原料苯经过苯精制塔脱水以后，和助催化剂并气化后的丙烯一起进入烃化塔，在三氧化铝络合物催化剂常压下，苯和丙烯发生烃化反应生成异丙苯、多烷基化合物和乙苯等。反应液经第一催化剂沉降槽沉降分离片与循环多异丙苯一起进入反烃化器，进行烷基转移反应生成异丙苯，反应液再次沉降分离溢流入水洗塔除去三氯化铝，加碱中和后送去精馏，得到异丙苯产品同时回收苯、二异丙苯、三异丙苯和乙苯等。吹入空气后，氧气与异丙苯反应生成过氧化氢异丙苯。氧化液用碳酸钠溶液洗涤，然后经过提浓，再进入分解釜在硫酸催化剂作用下得到粗苯酚、丙酮，再用芒硝溶液抽提出硫酸，用碳酸钠溶液中和后进入苯酚、丙酮精制系统。在系统中经过粗丙酮塔、丙酮拔顶塔、精丙酮塔、烃塔、DEG萃取塔，苯酚精制塔的精馏得到产品苯酚、丙酮。生产过程中的丙烯、苯、氯化氢、苯酚、丙酮等，都具有易燃、易爆、有毒、有害和腐蚀等特性。急性中毒时，对眼睛、皮肤、黏膜有强烈的腐蚀作用，可以抑制中枢神经；误服会引起消化道灼伤；眼睛接触也会导致灼伤。

苯酚

苯酚是一种白色晶体，有特殊的芳香气味、辛辣气味和强烈的烧灼味。吸入高浓度酚蒸气后，可发生头痛、头昏、乏力、视力模糊，体温、血压、脉搏均可降低。严重者很快出现神志不清、抽搐及肺水肿症状，最后出现呼吸衰竭；中毒后常并发肝、肾损害；溅入眼内立即引起结膜和角膜的灼伤坏死；污染皮肤可造成灼伤，局部麻木感，呈无痛性苍白、起皱，软化后转为红色、棕色甚至黑色，最后形成坏死。酚对皮肤是原发性刺激物，也是致敏物质，可引起接触性皮炎或湿疹。慢性中毒时，可出现头痛、头晕、晕厥发作、失眠、易激动、恶心、呕吐、吞咽困难、食欲不振、流涎和腹泻，甚至发生精神障碍，严重者合并肝、肾损害。生产过程中，应严格密闭，加强通风排风和个人防护，设置安全淋浴和洗眼设备。一旦发生意外，应立即脱去被污染的衣着，用肥皂水和清水彻底冲洗皮肤；用流动清水或生理盐水冲洗眼睛。发生吸入中毒，应迅速脱离现场至空气新鲜处，保持呼吸道通畅对症处理，维持生命体征，预防并发症发生。

小贴士 78

异丙苯

异丙苯可经呼吸道、皮肤和消化道吸收，对皮肤及黏膜有轻的刺激作用。急性中毒表现有黏膜刺激症状以及头晕、头痛、恶心、呕吐、步态蹒跚等；严重中毒可发生昏迷、抽搐等。生产过程中，应严格密闭，加强通风排风和个人防护，设置安全淋浴和洗眼设备。一旦发生意外，应立即脱去被污染的衣着，用肥皂水和清水彻底冲洗皮肤；用流动清水或生理盐水冲洗眼睛。发生吸入中毒，应迅速脱离现场至空气新鲜处，保持呼吸道通畅，对症处理，维持生命体征，预防并发症发生。

二十七、乙腈

乙腈是丙烯经过氨化氧化生产丙烯腈而产生的副产物，一般用于有机合成，制造一些药物和香料，也能作为酒精变性剂。生产乙腈的简要工艺是将 20% 的乙腈水溶液放入脱氢氰酸塔，脱去乙腈中的氢氰酸。为抑制乙腈发生水解需要控制 pH 在 4 以下，得到的乙腈经过冷凝处理后送进化学处理槽，再加入氢氧化钠和多聚甲醛在一系列化学处理后得到粗乙腈。粗乙腈在经过脱水以及去除低沸物和高沸物后，生产出合格的乙腈。

乙腈和氢氰酸都具有易燃、易爆、有毒的特性；氢氧化钠具有强腐蚀性。需要严格按照工艺要求操作，控制好 pH。工作现场设置有害气体监测报警仪，必须定期校验。工作人员要做好个人防护，不能在工作场所饮食。

乙腈为无色有芳香味液体，可以溶于水、乙醇、乙醚等溶剂中。乙腈可以通过呼吸道、消化道和皮肤被人体吸收。遇明火、高热或与氧化剂接触可发生爆炸，并产生有毒有害气体。乙腈毒性低，但急性中毒可刺激眼睛皮肤和呼吸道，出现红肿疼痛；可抑制细胞呼吸，中毒者表现为衰弱无力、面色灰白、恶心呕吐、腹痛腹泻、胸闷胸痛，严重者可出现呼吸及循环系统紊乱，体温下降、呼吸衰竭、昏迷，甚至死亡等。出现中毒后应立即将患者转移到通风处，将污染衣物脱下，保持呼吸道通畅，立即吸入亚硝酸异戊酯，皮肤污染及眼睛污染及时冲洗，呼吸困难者给氧。

小贴士 79

乙腈

乙腈是一种无色液体，有芳香味，可以溶于水和乙醇、丙酮等有机溶剂。遇到明火、高热或者接触到氧化剂之后将引起爆炸和燃烧。属于低毒物质，一般经过呼吸道、消化道和皮肤吸收进入人体内。急性中毒会刺激眼睛、皮肤和呼吸道，需要进行医学观察。工作场所需要加强通风，操作要尽可能机械化和自动化。一旦中毒要立即将患者转移到空气新鲜处，保持呼吸畅通，及时就医。

二十八、丙酮氰醇

丙酮氰醇生产方法为丙酮与氢氰酸的加成反应，该反应是在碱性催化条件下，在反应釜中进行。反应过程中常用的碱性催化剂（无机碱）产生的硫酸钠，易造成精制塔进料泵及其相应管线的不畅，经常水洗又可造成精制塔及再沸器等设备腐蚀严重，可造成泄漏事故。该生产装置是比较典型的化工装置，介质多为可燃易爆（丙酮、烷烃等）、剧毒或有毒（氰化氢、一氧化碳、氨等）及腐蚀性物质（硫酸、烧碱等）。

生产装置中主要原料氢氰酸是剧毒物质，很低浓度地吸入即可引起全身各种中毒反应；短时间内吸入高浓度的氰化氢气体或高浓度氢氰酸液体经皮肤迅速吸收入体，即出现明显的中毒症状。而丙酮氰醇属于高毒性物质，其蒸汽或液体可经呼吸道、皮肤及消化道进入机体，导致中毒。各种工艺设备管线中，可燃气体若泄漏到空气都可以形成爆炸性混合物，遇明火则极易导致燃烧，并释放出有毒气体。生产装置及工艺设备应密闭化、管道化、尽可能实现负压操作，防止有毒物质泄漏和外逸。生产过程采用机械化、程序化和自动化，可使作业人员不接触或少接触有毒物质。作业人员避免直接接触丙酮氰醇，应佩戴化学安全防护镜，穿工作服及戴耐油橡胶手套；避免吸入有毒气体，应佩戴防毒面具。生产区域内，严禁明火和可能产生明火、火花的作业，要有可靠的防火防爆措施。作业环境应设立风向标，供氧装置的空气压缩机应置于上风侧。生产、使用及贮存场所应设置泄漏检测报警仪，在可能发生丙酮氰醇中毒的场所使用防爆型的通风系统和设备。一旦发生泄漏，应迅速脱离现场至空气新鲜处，保持呼吸道通畅；出现呼吸困难的予以吸氧，必要时进行人工呼吸；脱去污染的衣服，然后用清水彻底清洗污染的皮肤；眼接触，用流动清水冲洗 20 分钟，然后就医。

丙酮氰醇

丙酮氰醇是高毒物质。毒性作用与氰化氢相似，其蒸气和液体对皮肤、黏膜有刺激作用，可经呼吸道、皮肤、消化道吸收。急性中毒潜伏期与接触量有关，出现头痛、心悸、无力、头昏、胸闷、恶心、呕吐和食欲减退，甚至意识丧失。皮肤接触中毒者，可引起皮炎，出现恶心、意识丧失、抽搐、呼吸减弱，严重者可致死亡。生产过程中，应严格密闭，加强通风排风和个人防护措施，设置安全淋浴和洗眼设备。一旦发生意外，应立即脱去被污染的衣着，用肥皂水和清水彻底冲洗皮肤；用流动清水或生理盐水冲洗眼睛。发生吸入中毒，应迅速脱离现场至空气新鲜处，保持呼吸道通畅对症处理，维持生命体征，预防并发症发生。

丙酮

丙酮为无色透明易挥发液体，有特殊气味。蒸气比空气重，可沿地面扩散造成远处着火。丙酮为低毒类毒物，主要经呼吸道、消化道及皮肤吸收。急性中毒主要表现为眼睛及呼吸道的刺激作用，可引起流泪、畏光及角膜上皮浸润等症状，对中枢神经系统有抑制和麻醉作用，对肝肾等也可能有损害。初期出现乏力、恶心、头晕等症状，严重时可发生呕吐、气促、痉挛甚至昏迷。误服丙酮后会出现口唇炎和烧灼感，经数小时的潜伏期后可发生口干、呕吐、昏睡、酸中毒等，甚至出现意识障碍。丙酮也可引起慢性中毒，长期低浓度吸入可能出现头痛头晕、失眠、食欲减退等症状，反复接触可引起皮炎，并可能对血液和骨髓产生一定影响。工作过程中应注意密封操作，加强通风，防燃防爆，配备淋浴设施和洗眼设施，做好个人防护。

二十九、氰化钠

用丙烯腈生产的副产物氢氰酸（含 HCN 大于 99.6%）与浓度为 45% 的氢氧化钠溶液，在反应器中于温度 50 ～ 55℃条件下，进行液相中和反应，迅速生成氰化钠。氰化钠溶液经蒸发、结晶、离心脱水、干燥、成型压片、包装即为含水量小于 0.2% 的氰化钠产品。

在生产中，危险因素较多，需特别应注意预防中毒。原料氢氰酸和产品氰化钠均属于剧毒物质，氢氰酸属于易燃液体。氰化钠反应器是生产的关键设备，对装置投料前的系统气密性试验要严格认真地进行检查。所有涉及氢氰酸的设备和管道上的密封点，均不允许有渗漏现象。一旦发现有泄漏时，应立即切断物料来源或做停车处理。不准在有泄漏的情况下生产，防止中毒或爆炸、着火。要经常检查氰化钠反应器是否有控制机构失灵等异常现象，发现异常应及时处理，避免反应热不能及时导出发生氢氰酸自聚或爆炸事故。氢氰酸和氰化钠的含水物对金属的腐蚀性很强，应定期对该装置的设备、管道的腐蚀情况检测，进行必要的监督，防止由于腐蚀造成的设备泄漏损坏而出现严重事故。要应定期检查校验安全防护设施，如可燃气体检测报警仪、毒物检测报警仪、冲洗喷淋设备、解毒抢救器材等，保证持续高效运行。生产过程中，应加强通、排风系统的运行情况检查和定期维护保养的监督管理，以减少逸散在工作场所空气中的氢氰酸气体和氰化钠粉尘对作业人员的损害。进入氰化钠作业现场的人员，必须穿作业服、胶皮靴，佩戴化学防护眼镜、防毒面罩或口罩及手套。禁止人体直接接触氰化钠，防止皮肤吸收中毒。进行剧毒生产设备检修或抢修，都必须在严密的防护措施下进行，设备、管道未经清洗解毒处理合格，不准任意拆卸，禁止无人监护的单人作业。工作人员下班和饮食前，须进行淋浴清洗等，保持个人良好卫生习惯。

三十、硫氰酸钠

以氰化钠、硫黄为原料，将氰化钠、硫黄粉、表面活性剂加入反应釜中，反应生成硫氰酸钠。反应产物经排氨、过滤、排硫化氢、脱色、过滤，得到成品硫氰酸钠。

硫黄极易燃烧，作业时，要严加管理。氰化钠为剧毒，一旦遇酸性物质就会发生分解，放出的氰化氢气体具有易燃、易爆、剧毒特性，因此，生产安全危险性很大。

在生产中，要严格控制反应温度不超过 100℃，并严防氰化钠分解放出氰化氢气体。

要严禁氰化钠溶液管线有泄漏，需定期对管壁厚度进行测试，对焊缝进行无损探伤检查。硫氰酸钠严禁与酸类、氧化剂放在一起或接触，以免发生反应放出氰化氢气体。维修人员在检修时，必须穿戴好个体防护用品。

皮肤接触：氰化钠溶液溅到衣服、皮肤，要立即脱去污染衣服，用大量流动清水或 5% 硫代硫酸钠溶液彻底冲洗至少 20 分钟，立即就医。

眼睛接触：立即提起眼睑，用大量流动清水或生理盐水彻底冲洗至少 15 分钟，立即就医。

吸入：迅速脱离现场至空气新鲜处，保持呼吸道通畅。如呼吸困难，给输氧。呼吸心搏停止时，立即进行人工呼吸（勿用口对口）和胸外心脏按压。工作人员不要在现场饮食，保持个人良好卫生习惯。

三十一、烧碱

采用隔膜法生产烧碱，是以原盐用水加热溶解制得粗盐水，再经电解液和碳酸钠溶液的作用脱掉钙镁离子制得精盐水。精盐水经预热，以盐酸控制送入隔膜电解槽，由电解槽盖进入阳极室，并经改性隔膜流入阴极室。直流电经每个电解槽的两个极之间电解盐水，在阳极室放出氯气，在阴极室放出氢气。湿氯气经洗涤、冷却和浓硫酸干燥，即为产品氯气。湿氢气经洗涤、冷却、再洗涤，除去微量的氨、氧、二氧化碳、硫等杂质后，即为产品氢气。电解液经碱蒸发浓缩成50%氢氧化钠液碱，再经冷却过滤后得到含氯化钠的成品隔膜碱。析出的氯化钠经盐分离设备除去，返回盐水精制。50%液碱经液氨萃取，制得含氯化钠的精制液碱。精制液碱再经降膜浓缩和闪蒸浓缩到99.8%的浓度，接着造粒，冷却成粒碱，包装出厂。

生产过程中，可接触氢、氨等易燃、易爆物质和氯、氨、硫酸等有毒有害物质。隔膜电解槽为烧碱生产的关键设备。氢氧化钙（镁）沉淀而堵塞隔膜，造成槽电压升高而威胁安全生产，还会发生电解槽除槽器的短路开关而触电以及氯气与氢气形成爆炸性混合物等。干燥湿氯气使用的浓硫酸具有强烈的腐蚀性，一旦设备腐蚀发生泄漏就会造成化学灼伤危险。氯气液化、贮存和包装岗位是将氯气液化冷凝成为液氯，经精制、贮存、瓶或装车外运，是气化外供的系统。充装液氯的槽车和钢瓶压力容器等，一旦泄漏将会导致空气污染，甚至造成人员中毒；钢瓶中如混有异物也会造成爆炸事故。因此，作业时，要严格遵守开车程序、工艺技术指标。严密监视输气总管压力，以防爆炸。强化对电解槽巡视，及时调整液位，以防止爆炸事故。作业人员必须穿戴好绝缘靴和绝缘手套，防止触电。

氢氧化钠

氢氧化钠为强碱性物质，具有腐蚀和刺激性。皮肤接触高浓度的氢氧化钠，可使体内脂肪皂化，使组织胶凝化变为可溶性化合物，破坏细胞膜结构，使病变向纵深发展。作业中，要特别注意氢氧化钠对眼的损害，可破坏角膜、结膜、甚至虹膜，造成灼伤。一旦发生皮肤和眼灼伤，应迅速现场自救和互救，及时用大量流水充分冲洗；皮肤接触，应立即脱去被污染的衣着，用大量流动清水冲洗至少 15 分钟后就医。眼睛接触，应立即用大量流动清水或生理盐水彻底冲洗至少 15 分钟后就医。

第四节 合成纤维生产

合成纤维制造是指利用合成纤维单体和合成纤维聚合物生产纤维的过程。合成纤维单体生产主要以精对苯二甲酸、对苯二甲酸二甲酯、丙烯腈、乙二醇、已内酰胺、尼龙 -66 盐等为原料经酯化和连续缩聚生产的聚酯融体；合成纤维聚合物是聚酯、聚乙烯醇、聚酰胺等聚合物的切片材料。

一、涤纶短纤维

生产涤纶短纤维是以聚酯（PET）融体为原料送入纺丝机或以聚酯切片为原料，经干燥、熔融后送入纺丝机，再经集束、拉伸、定型、卷曲、切断、打包，得到涤纶短纤维。生产过程主要由对苯二甲酸的制造、对苯二甲酸的酯化、乙二醇的制造、对苯二甲酸乙二酯的缩聚、乙二酯的回收、纺丝和后处理等七大过程组成。

目前，一些大型化纤生产企业兼具化纤及化纤原料生产功能。其生产过程既具有石油化工生产性质又具有纺织加工的特性。螺杆挤压熔融纺丝是用联苯热载体加热，热载体联苯升温时排气时要缓慢，以免将联苯带出，排放气体及时排出室外，不及时排出导致联苯泄漏（泄漏到保温层的需更换新保温层）可发生火灾、爆炸和中毒事故；卷绕机卷绕速度高，在操作中稍有不慎易将钩子带入，造成飞钩伤人。如果排气时接近明火或排入室内就会发生火灾或中毒，需在联苯加热炉间设有屋顶风机。如果生产或储存过程中发生泄漏，就会形成爆炸性气体混合物，当遇到生产中的高温、冲击或摩擦产生的火花、电气火花或检修中的明火等火源，就会发生火灾或爆炸事故。工作人员操作时应集中精力，站在安全位置，避免飞钩伤人；联苯、苯基醚可燃、可爆还有一定毒性，注意通风和防止泄漏，人工添加时需佩戴防护用品。厂房噪声大，不同工种需佩戴防噪耳塞、防噪耳罩。到高温岗位维修要戴好防护用品，避免烫伤，注意防暑降温。岗位操作必须戴工作帽，将头发罩在里面，并且不能穿高跟鞋、戴首饰。

二、涤纶长纤维

生产涤纶长纤维是以聚酯切片为原料，经干燥、熔融后送入纺丝机；或以聚酯融体为原料送入纺丝机，经不同的后处理得到拉伸加捻纱、拉伸变形纱、空气变形纱、全牵伸纱得到涤纶长纤维。涤纶长纤维与涤纶短纤维生产存在相同的职业安全风险，其纤维可燃，热载体联苯可燃，可爆、有毒。此外，在处理牵伸缠辊时，一定要降速或停车处理。钩丝时，集中精力；在出口处钩丝，应防钩手。注意油剂不能溢出。一旦涨出地面要及时冲洗，以防行走滑倒；切断机在开机升头时，手握丝头送入切断钩轮，如果配合不当，易发生手尚未离开，操作台已开机，将手带入，造成割手事故。因此，在进行切断机的操作时，必须密切配合，一定在手离开后再开机；在打包过程中，要在停机时将主压盖包皮布上好，然后再上升主压盖。千万不要在上升压盖时上主压盖包皮布，以防造成挤手；要做好纤维库房的防火工作。

三、锦纶纤维（尼龙-66）

生产锦纶纤维（尼龙-66）是以50%尼龙-66盐的水溶液为原料，经缩聚反应，所得产物聚己酸己二胺，再经纺丝、拉伸加捻、倍捻定型、平衡、络筒得到锦纶纤维。其生产流程包括己内酰胺制造、聚合、纺丝及后处理四大过程。联苯热载体系统要杜绝跑、冒、滴、漏；一旦发现漏点，要立即堵漏，并且要更换保温棉；更换纺丝组件时，首先关闭计量泵，然后盖好甬道盖板，防止组件从甬道落下砸坏设备或伤人；当从纺丝组件穴排出熔体时，切记不可探头对着熔体观看，以防烫伤面部；在牵伸机上操作时，手上不能戴手饰，以免被丝条挂住而发生伤害；牵伸机上的给丝罗拉缠丝时，禁止在高速旋转的部件上清除废丝，待停车时处理。在牵伸机上操作的工人，必须戴工作帽，将头发罩在里面；维修工到高温岗位进行检修，要穿戴好防护品；厂房温度高，要做好防暑降温工作；噪声大，要做好个人防护；做好库房的防火工作。

四、腈纶纤维（聚丙烯腈纤维）

腈纶纤维是丙烯腈（含量大于85%）单体与其他少量单体共聚经纺丝、拉伸加工而成。其生产工艺为聚合、纺丝、预热、蒸汽牵伸、水洗、烘干、热定形、卷曲、切断、打包、溶剂回收及后处理等部分构成。生产过程中使用并产生大量的易燃易爆，如丙烯腈，丙烯酸甲酯和有毒有害化学物质2-羟基乙硫醇、甲基丙烯磺酸钠、硫氰酸钠、硝酸、硫酸、氢氧化钠、液体氨等。在生产过程中发现有毒生产原料、辅料出现跑、冒、滴、漏时，应立即采取应急措施，预防火灾、爆炸的发生。使用的原辅材料和产品必须按照安全生产的要求储存和堆放。作业人员在操作生产设备、添加原辅料或维修设备及其管道等过程中，要按照职业安全防护要求佩戴好个人防护用品，规范操作。接触到有害物质，应进行紧急冲洗、淋浴等措施。如设备运行噪声大，可根据不同工种佩戴防噪耳塞、耳罩。到高温岗位工作维修时要戴好防护用品，避免烫伤。若烘干机内出现小股断丝存留，高温状态易发生燃烧，要及时清理，防止发生火灾。

聚丙烯腈

聚丙烯腈是由丙烯腈、丙烯酸甲酯、依康酸等共聚而成，是腈纶（合成羊毛）的原料。合成聚丙烯腈的单体、热裂解产物毒性大，发生皮肤刺痒或皮疹等。

五、丙纶短纤维（聚丙烯纤维）

丙纶纤维是以聚丙烯为原料经熔体纺丝、牵伸、卷曲、烘干定型、切断、打包等工艺制得的合成纤维。丙纶短纤维可燃，热载体联苯可燃、可爆、有毒。观察喷丝板面时，一定要侧身，不得垂直观看；处理板面时，应戴上手套，以防烫伤；装填联苯时要穿戴好防护面具，严禁明火接近；牵伸过程中，如有少量缠丝可不停车而敏捷钩去。当一束丝超过三层后，要迅速停机处理，另外不能单手钩丝；在卷曲机升头时或停车处理故障时，一定要将卷曲压板挂实、挂牢，以防落下伤人；严禁在设备运转时，用手去处理卷曲输送带的缠丝、夹丝，以防伤手；切断工序，当 1 人升头、另 1 人控制按钮时，一定要互相配合好，升头人操作完毕后才能开机运转；做好纤维库房的防火工作。岗位操作时注意做好个人防护。

第五节 合成橡胶（弹性体）生产

合成橡胶是由人工合成的高弹性聚合物。生产工艺大致分为单体的合成与精制、聚合反应、后处理等过程。合成橡胶可简单地分为两大类，通用型橡胶和特种橡胶。通用型橡胶指可以部分或全部代替天然橡胶使用的橡胶，如丁苯橡胶、异戊橡胶、顺丁橡胶等，主要用于一般需求的橡胶制品。特种橡胶是指具有耐高温、耐油、耐臭氧、耐老化和高气密性等特点的橡胶，常用的有硅橡胶、氟橡胶、丁腈橡胶、聚氨酯橡胶和丁基橡胶等，主要用于要求某种特性的特殊场合的橡胶制品。

一、丁苯橡胶

丁苯橡胶是以丁二烯和苯乙烯为原料经乳液聚合制得的聚合物，主要工艺过程包括前工序和后工序。其中前工序包括单体的贮存，化学品的配制，丁苯胶乳聚合及丁二烯、苯乙烯单体回收等。后工序包括胶乳掺和、凝聚、脱水干燥、压块及包装。生产作业过程中主要危险因素及风险是火灾、爆炸和中毒；生产原料主要包括丁二烯、苯乙烯、过氧化氢、异丙苯等，均为易燃、易爆、有毒物质。需防止各类反应器、贮槽及物料输送等设备管线的跑、冒、滴、漏，防止发生可燃气体泄漏引发的火灾；应注意高温物料一旦泄漏，遇空气会立即自燃着火，火灾危险很大。密度计使用γ射线密度计，注意射线对人体的危害。生产过程中应佩戴安全防护镜，穿工作服及戴耐油橡胶手套；避免吸入有毒气体，应戴上防毒面具。检查仪表维修人员在进入射线区域内作业时，需穿戴铅橡胶防护服和铅橡胶防护手套进行防护，严禁任何人私自打开密度计或取出放射源。

丁苯橡胶

丁苯橡胶是由单体丁二烯和苯乙烯共聚而成。丁苯橡胶生产可因丁二烯和苯乙烯蒸气而引起中毒。橡胶生产过程中未聚合单体挥发、橡胶加工时产物发生分解，未聚合单体挥发及在有橡胶发生热解时，易引发中毒。

二、丁腈橡胶

丁腈橡胶是以丁二烯与丙烯腈为原料经乳液聚合制得的聚合物，装置生产包括单体的贮存、化学品的配制、乳液聚合及丁二烯、丙烯腈单体回收、胶乳凝聚、脱水干燥、压块及包装。生产作业过程中主要危险因素及风险是火灾、爆炸和中毒。生产过程中的化学毒物主要包括丁二烯、丙烯腈、氢氧化钠、三乙醇胺等，需预防气体吸入包括中毒、氢氧化钠灼伤等。需防止各类反应器、贮槽等设备及物料输送管线的跑、冒、滴、漏，易发生可燃气体引发的火灾；应注意高温物料一旦泄漏，遇空气会立即自燃着火，火灾危险很大。生产过程中，应佩戴安全防护镜，穿工作服及戴耐油橡胶手套；避免吸入有毒气体，应戴上防毒面具。清理胶浆储槽内的凝聚胶时，因胶中含有丙烯腈、丁二烯单体，作业人员必须穿工作服，佩戴隔离式长管防毒面具，使用不产生火花的工具和安全防爆型照明。

三、顺丁橡胶

顺丁橡胶是以丁二烯单体经溶液聚合（也可用乳液聚合）制成的自聚物。一般包括计量、聚合、凝聚、回收，洗胶干燥、压块、包装、溶剂、废气处理。生产作业过程中主要危险因素及风险是火灾、爆炸和中毒。生产过程中的主要化学毒物包括丁二烯、正己烷、三异丁基铝、氢氧化钠等，三异丁基铝一与空气接触即会燃烧爆炸，与皮肤接触即被灼伤。需防止各类反应器、贮槽等设备及物料输送管线的跑、冒、滴、漏，易发生可燃气体引发的火灾；应注意高温物料一旦泄漏，遇空气会立即自燃着火，火灾危险很大。生产过程中，应佩戴安全防护镜，穿工作服及戴耐油橡胶手套；避免吸入有毒气体，应戴上防毒面具。清理管道中过氧化物和端聚物时，作业人员必须穿工作服，佩戴隔离式长管防毒面具，使用不产生火花的工具和安全防爆型照明。

正己烷

正己烷具有高挥发性、高脂溶性，并有蓄积作用。正己烷能经呼吸道、皮肤及胃肠道吸收。吸入高浓度正己烷蒸气，主要表现为程度不同的急性中毒性脑病和黏膜刺激症状，出现头晕、头痛、恶心、胸闷、四肢乏力以及球结膜和咽部充血等黏膜刺激征，严重中毒者可迅速出现昏迷。慢性中毒，主要引起多发性周围神经病及神经衰弱综合征。生产过程中，应提高生产自动化和密闭化，防止跑、冒、滴、漏，现场采取通风排毒措施，安装必要的安全淋浴和洗眼设备。一旦发生中毒，应立即脱离现场，将患者转移到空气新鲜处，送医对症治疗，呼吸心搏骤停应立即心肺复苏。

四、乙丙橡胶

乙丙橡胶是以乙烯和丙烯为基础单体合成的共聚物。一般包括计量、聚合、脱单体、脱催化剂、脱溶剂、凝聚、挤压脱水、干燥包装等工艺过程。橡胶分子链中依单体单元组成不同，有二元乙丙橡胶和三元乙丙橡胶之分。前者为乙烯和丙烯的共聚物，以 EPM 表示；后者为乙烯、丙烯和少量的非共轭二烯烃第三单体的共聚物，以 EPDM 表示，二者统称为乙丙橡胶。生产作业过程中主要危险因素及风险是火灾、爆炸和中毒。生产过程中的主要化学毒物包括乙烯、丙烯、正己烷、催化剂等。催化剂倍半烷基铝遇空气燃烧，遇水爆炸。需防止各类反应器、贮槽等设备及物料输送管线的跑、冒、滴、漏，易发生可燃气体引发的火灾；应注意高温物料一旦泄漏，遇空气会立即自燃着火，火灾危险很大。生产过程中，应佩戴护目镜，穿工作服及戴耐油橡胶手套，佩戴过滤式防毒面具。清理管道中共聚物时，作业人员必须穿工作服，佩戴隔离式长管防毒面具，使用不产生火花的工具和安全防爆型照明。

第六节　合成树脂与塑料生产

合成树脂是人工合成的高分子化合物，兼备或超过天然树脂固有特性，是由低分子原料——单体（如乙烯、丙烯、氯乙烯等）通过聚合反应结合成大分子而生产的，也是一种未加工的原始聚合物，是制造塑料，涂料、胶粘剂以及合成纤维的原料。塑料为合成的高分子化合物（聚合物），是利用单体原料以合成或缩合反应聚合而成的材料，其抗形变能力中等，介于纤维和橡胶之间。塑料是以单体为原料，通过加聚和缩聚反应聚合而成的高分子化合物。塑料分为热固定材料和热塑性材料，主要包括聚乙烯、聚丙烯、聚氯乙烯、聚苯乙烯、ABS 树脂（丙烯腈 - 丁二烯 - 苯乙烯）、聚氨酯、环氧树脂、不饱和聚酯树脂、聚酰胺工程塑料、聚碳酸酯、聚甲醛热塑性聚酯、聚苯醚及合金及各种特种工程塑料。

一、低压聚乙烯

釜式法低密度聚乙烯装置工艺流程是以乙烯气为原料，经过一次压缩机和二次压缩机压缩升压至 1 300 ～ 2 500 千克 / 平方厘米，达到反应所需压力后，送至反应器内；在高温高压条件下，依靠引发剂从而发生聚合反应过程；从反应器出来的物料在高压分离器内将未反应的乙烯和聚合物作一次分离，然后在低压分离器内将未反应的乙烯和聚合物作第二次分离，聚合物经过切粒后送至混合料仓。埃克森管式法生产工艺采用乙烯和醋酸乙烯酯为原料，生产聚乙烯。生产过程中主要危险因素及风险有火灾、爆炸和中毒；其生产原料主要包括乙烯、丙烯、氢气、已烷和三乙基铝催化剂等，均为易燃、易爆、有毒物质，其中三乙基铝具有见空气即着火、遇水剧烈燃烧的特性。需防止各类反应器、贮槽、传送带等设备管线的跑、冒、滴、漏，防止发生可燃气体泄漏引发的火灾；应注意高温物料一旦泄漏，遇空气会立即自燃着火，火灾危险很大。密度计使用射线密度计，注意射线对人体的危害。生产过程中，应佩戴安全防护镜，穿工作服及戴耐油橡胶手套；避免吸入有毒气体，应戴上防毒面具。料位计存在放射源（^{60}Co 源、^{137}Cs 源），检查仪表维修人员在进入射线区域内作业时，需穿戴铅橡胶防护服和铅橡胶防护手套进行防护。进入含生产性粉尘的作业场所应使用防尘口罩、防护服、工作帽等粉尘防护用品。进入噪声检测结果超过 85dB（A）作业区应佩戴防噪声耳塞或耳罩，对于噪声较大的作业环境可考虑同时佩戴防噪声耳塞及耳罩。

聚乙烯

聚乙烯可燃、热时分解生成有毒和刺激性烟雾，与氟、四氟化氙接触剧烈反应，与强氧化剂和强酸发生反应。有低密度聚乙烯和高密度聚乙烯两种。低分子量的一般是无色、无臭、无味、无毒的液体。高分子量的纯品是乳白色蜡状固体粉末。聚乙烯装置生产及辅助生产人员，聚乙烯包装、储运、采样、分析、检维修人员，以及聚乙烯塑料制品加工人员等可能接触。高压聚乙烯和中压聚乙烯本身基本无毒，但是生产中使用的各种添加剂、乙烯单体、聚乙烯热裂解产物则有一定的毒性。高压聚乙烯加热可分解出酸、酯、不饱和烃、一氧化碳、甲醛等物质，低压聚乙烯在热切削和封闭聚乙烯时其热解产物有甲醛和丙烯醛等，大量吸入能引起中毒，主要为对呼吸道的刺激作用。

二、高压聚乙烯

高压聚乙烯是以高纯度聚乙烯为原料，有机过氧化物为催化剂，在超高压条件下高温聚合而成。工艺过程基本包括压缩、聚合、分离、造粒、混合等工序。乙烯单体经过一次压缩机和二次压缩机压缩加压，达到反应所需压力后，送至第一级反应器内进行聚合反应，通过中间冷却器降温后，在进入第二级反应器进一步聚合。从反应器出来的物料在高压分离器内将未反应的乙烯和乙烯混合物作一次分离，分离气体返回后循环使用，聚合物净热进料挤出机挤出，脱水、干燥后得到聚乙烯颗粒。生产中可能发生的风险有火灾和爆炸，其生产原料主要包括乙烯和叔丁基过氧化苯甲酸、三甲基过氧化已酰催化剂等，均为易燃、易爆物质，需防止各类反应器、贮槽、传送带等设备管线的跑、冒、滴、漏，易发生可燃气体引发的火灾；应注意高温物料一旦泄漏，遇空气会立即自燃着火，火灾危险很大。生产过程中，佩戴防毒面罩或防毒口罩、防毒物渗透手套、耐酸碱手套、防化学液眼镜等个人防护用品。进入含生产性粉尘的作业场所，应使用防尘口罩、防护服、工作帽等粉尘防护用品。进入噪声检测结果超过 85dB（A）作业区要佩戴防噪声耳塞或耳罩，对于噪声较大的作业环境可考虑同时佩戴防噪声耳塞及耳罩。防止物料在高压状态绝热膨胀温度的下降和上升造成的冻伤和烫伤。

三、聚丙烯

聚丙烯（polypropylene，PP）是以丙烯、乙烯、氢气为主原料，配合辅料催化剂、助催化剂的使用，在一定温度、压力下聚合而成，包括单体净化、聚合、干燥、造粒等生产工艺过程。生产中可能发生的风险有火灾、爆炸和中毒，其生产原料主要包括乙烯、丙烯、氢气、己烷和钛基催化剂、三乙基铝助催化剂等，均为易燃、易爆、有毒物质，其中三乙基铝具有见空气即着火、遇水激烈燃烧的特性。需防止各类反应器、贮槽、传送带等设备管线的跑、冒、滴、漏，防止发生可燃气体泄漏引发的火灾；应注意高温物料一旦泄漏，遇空气会立即自燃着火，火灾危险很大。生产过程中，应佩戴安全防护镜，穿工作服及戴耐油橡胶手套；避免吸入有毒气体，应戴上防毒面具。料位计存在放射源（^{60}Co 源、^{137}Cs 源），检查仪表维修人员在进入射线区域内作业时，需穿戴铅橡胶防护服和铅橡胶防护手套进行防护。进入含生产性粉尘的作业场所应使用防尘口罩、防护服、工作帽等粉尘防护用品。进入噪声检测结果超过85dB（A）作业区要佩戴防噪声耳塞或耳罩，对于噪声较大的作业环境可考虑同时佩戴防噪声耳塞及耳罩。

小贴士 87

聚丙烯

聚丙烯是一种由丙烯聚合而成的热塑性树脂。聚丙烯加热热解产物有酸、酯、不饱和烃、过氧化物、甲醛、乙醛、二氧化碳、一氧化碳等，接触后出现眼和上呼吸道黏膜刺激症状、支气管炎、肺气肿及肝的蛋白变性等。

吸入聚丙烯热解产物出现上呼吸道黏膜刺激症状。

四、聚乙烯醇

聚乙烯醇（PVA）生产以乙烯、醋酸为原料，先与氧进行合成反应，然后再聚合、醇解生产聚乙烯醇。生产工艺流程是将乙烯、醋酸和氧气送入固定床反应器，在催化剂的作用下，进行合成反应，生成醋酸乙烯（VAC）。

生产中的物料乙烯、甲醇为易燃、易爆、有毒；醋酸可燃、可爆，并有腐蚀性；氢氧化钠具有强腐蚀性。反应器中乙烯、醋酸和氧气的合成反应，同时伴有副反应发生，生成二氧化碳、丙烯醛、醋酸甲酯、醋酸乙酯、乙醛等副产物，并放出大量热。乙烯易燃、易爆，并有氧气存在，危险性很大。为控制反应器中的氧含量，设有自动氧分析仪进行自动控制，以确保安全。循环气体压缩机是合成反应过程中最重要的机组，设有联锁控制系统。醋酸乙烯在聚合反应釜中，以甲醇为溶剂进行聚合反应，设有发生紧急事故甲醇和聚合停止剂硫脲的加料装器和柴油发电机组。当聚合反应比较激烈时，加入事故甲醇以稀释反应体系，使聚合反应缓和下来；当聚合反应处于危险状态时，加入聚合停止剂硫脲使聚合反应趋向终止；当发生停电时，柴油发电机投运，防止聚合反应异常激烈地继续进行而发生喷料等事故。生产过程中，需控制好反应温度、反应压力和氧气含量，联锁控制系统要保证处于良好状态。醋酸乙烯在输送及灌装槽车过程中易产生静电，要做好静电防护工作，采取有力措施预防由静电引起的燃烧事故。

聚乙烯醇可燃、加热分解产生易燃气体，与空气可形成爆炸性混合物，遇火可发生爆炸；还可经吸入、经口或皮肤吸收后对身体有害，对眼睛和皮肤有刺激作用。生产过程中，需密闭化、自动化操作，设置良好的通风排风设施；作业人员应佩戴防尘防毒面具、工作服和橡胶手套等，做好个人防护。皮肤接触，应立即脱去污染的衣着，用流动清水冲洗；眼睛接触，用流动清水或生理盐水冲洗，就医；一旦吸入，应迅速脱离现场至空气新鲜处；如呼吸困难，立即给输氧，就医。

聚乙烯醇

聚乙烯醇是一种亲水性合成高分子。聚乙烯醇短期接触可能引起机械性刺激，长期吸入可提高中枢神经系统兴奋性，降低免疫学反应，引起间质性肺炎和肝变性改变。

五、聚对苯二甲酸二甲酯（PET 聚酯）

聚酯通常是将对苯二甲酸二甲酯（DMT）和乙二醇同时加入酯交换塔中，在催化剂醋酸锰的作用下进行酯交换反应，生成对苯二甲酸乙二酯，之后再脱去乙二醇并缩聚后而成。该装置的物料甲醇易燃易爆、有毒；乙二醇可燃、可爆、有低毒性。催化剂醋酸锰有低毒性，三氧化二锑有毒，亚磷酸有腐蚀性。中间产物乙醛易燃易爆，有刺激作用。酯交换塔和 TH 热油系统均超过 200℃，生产过程中，要严格控制温度，并保证水喷淋系统畅通好用。聚酯装置中预缩聚及终缩聚反应器的液位计一般采用钴 -60 作为放射源，只有持放射源操作许可证的专业人员才能操作。放射源所在区域，应设置危险警示牌，避免不必要的人员进入危险区域。聚酯生产中产生的噪声主要来源于切粒机、排风用轴流风机、搅拌器、热媒炉鼓风机等设备，操作人员需佩戴防噪声耳塞或耳罩。作业人员操作时，必须穿工作服，佩戴防毒面具和防护眼镜。在剧热温度下操作必须规范，防止烫伤、熏伤。

六、聚氯乙烯

聚氯乙烯（polyvinyl chloride，PVC）是以氯乙烯单体为原料，以去离子水为介质，在过氧化物、偶氮化合物等引发剂或在光、热作用下，按自由基聚合反应机理聚合而成的聚合物。生产过程包括配制、聚合、单体回收、汽提、离心分离、干燥和成品包装等工序。此生产作业过程中存在火灾、爆炸和中毒的风险。其生产原料主要包括氯乙烯和乙基已基过氧化二碳酸酯、偶氮二异庚腈引发剂等，均为易燃、易爆、有毒物质，其中引发剂储存不当会引起分解燃烧和爆炸。需防止各类反应器、贮槽、传送带等设备管线的跑、冒、滴、漏，发生可燃气体引发的火灾；应注意高温物料一旦泄漏，遇空气会立即自燃着火，火灾危险很大。密度计使用射线密度计，注意射线对人体的危害。生产过程中，应佩戴安全防护镜，穿工作服及戴耐油橡胶手套；为避免吸入有毒气体，应戴上防毒面具。料位计存在放射源（^{60}Co 源、^{137}Cs 源），检查仪表维修人员在进入射线区域内作业时，需穿戴铅橡胶防护服和铅橡胶防护手套进行防护。进入含生产性粉尘的作业场所应佩戴防尘口罩、防护服、工作帽等粉尘防护用品。进入噪声检测结果超过 85dB（A）作业区应佩戴防噪声耳塞或耳罩，对于噪声较大的作业环境可考虑同时佩戴防噪声耳塞及耳罩。

小贴士 89

聚氯乙烯

聚氯乙烯（PVC）具有阻燃、耐化学药品性、机械强度大及电绝缘性好等特点，但对光和热的稳定性差，在 100℃以上或经长时间阳光曝晒，就会分解而产生氯化氢，并进一步自动催化分解，引起变色，物理机械性能迅速下降，在实际应用中必须加入稳定剂以提高对热和光的稳定性。PVC 曾是世界上产量最大的通用塑料，应用非常广泛。由于其成本低廉，产品具有自阻燃的特性，故广泛应用在建筑领域里，尤其是下水道管材、塑钢门窗、板材等材料中。PVC 是一个极性非结晶性高聚物，热稳定性极差，不易加工，必须经过改性混配，添加助剂、填充物才可使用。改性方法主要包括化学改性、填充改性、增强改性、共混改性以及纳米复合改性。改性基本原理就是通过物理、化学改性，赋予 PVC 某些功能或者性能。

七、聚苯乙烯

聚苯乙烯（polystyrene，PS）是指由苯乙烯单体经自由基加聚反应合成的聚合物，通常 PS 为非晶体无规聚合物，具有绝热、绝缘、无色透明的热塑性塑料。PS 包括普通聚苯乙烯、发泡聚苯乙烯（expandablepolystyrene，EPS）、高抗冲聚苯乙烯（high impact polystyrene，HIPS）及间规聚苯乙烯（syndiotactic polystyrene，SPS）。生产过程中，可能发生的风险有火灾、爆炸和中毒。PS 生产加工过程中产生的职业病危害因素包括粉尘、化学有害因素苯乙烯、二甲苯、戊烷、过氧化苯甲酰、氯化氢、盐酸、臭氧、锰及其化合物、一氧化碳、氮氧化物等、物理因素（噪声、高温、紫外辐射等）。应做好个人防护。

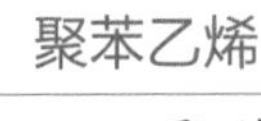

小贴士 90

聚苯乙烯

聚苯乙烯（PS）是一种热塑性塑料，由苯乙烯加成聚合而得到的高分子化合物。聚苯乙烯基本无毒。毒性与聚苯乙烯中未聚合的单体苯乙烯的量有关，主要对呼吸道有轻度刺激作用，接触可引起咽炎、慢性扁桃体炎和皮炎等症状。

臭氧

臭氧具有强氧化能力，对眼结膜和整个呼吸道黏膜有直接刺激作用，可引起不同程度的支气管炎。吸入较高浓度臭氧，短时间有直接刺激黏膜，经过几个小时潜伏期，逐步引发肺水肿。短时间吸入低浓度臭氧，引起咳嗽、咳痰、胸部紧束感，长期接触可引起支气管炎、细支气管炎，甚至发生肺硬化、肺气肿。除黏膜刺激外，长期吸入臭氧后可引起周围血管扩张、血压下降、呼吸次数减少、视力精确度及暗适应能力减退，常出现头昏、头痛及睡眠异常。一旦吸入高浓度臭氧，应迅速脱离现场至空气新鲜处。保持呼吸道通畅。如呼吸困难，应及时输氧。如呼吸停止，立即进行心肺复苏。生产发生泄漏事故，应迅速撤离泄漏污染区至上风侧，严格限制人员出入。应急处理人员佩戴正压式空气呼吸器，穿防毒服，从上风处进入现场，尽可能切断泄漏源，采取喷雾状水稀释等应急处理措施。

八、丙烯腈－丁二烯－苯乙烯共聚合物

丙烯腈－丁二烯－苯乙烯共聚合物（ABS）树脂是丙烯腈（A）、丁二烯（B）、苯乙烯（S）三种单体的共聚物。生产过程由聚丁二烯胶乳、ABS 粉料、SAN 珠料掺混挤压工序组成。生产中可能发生的风险有火灾、爆炸和中毒，其生产原料主要包括丁二烯、苯乙烯、丙烯腈和过氧化氢、异丙苯、偶氮二异丁氰引发剂、叔十二碳硫醇等，均为易燃、易爆、有毒物质，其中引发剂储存不当会引起分解、燃烧、释放毒气和爆炸。防止各类反应器、贮槽、传送带等设备的跑、冒、滴、漏，避免发生可燃气体泄漏引发的火灾；应注意高温物料一旦发生泄漏，遇空气会立即自燃着火，火灾危险性很大。密度计使用射线密度计，注意射线对人体的危害。

生产过程中应佩戴安全防护镜、工作服及耐油橡胶手套；避免

吸入有毒气体，应佩戴防毒面具。进入含生产性粉尘的作业场所应佩戴防尘口罩、防护服、工作帽等粉尘防护用品。进入噪声检测结果超过 85dB（A）作业区应佩戴防噪声耳塞或耳罩，对于噪声较大的作业环境可考虑同时佩戴防噪声耳塞及耳罩。清理容器内的丁二烯、过氧化物须以化学药物破坏法进行，不可用铁器在容器内铲除残渣，防止爆炸着火。

ABS 塑料生产过程比较复杂，生产加工过程中可接触的职业性有害因素包括粉尘及丙烯腈、丁二烯、苯乙烯、乙苯、盐酸、氢氧化物、二甲基甲酰胺和氨等化学物质；物理因素为噪声和高温等。

第七节 化肥生产

采用化学方法生产的含有氮、磷、钾等元素的肥料称为化肥。化肥生产的主要产品有氮肥、磷肥和钾肥。此外，还有含有多种成分的复合肥料、混合肥料及微量元素肥料等。化肥生产，尤其是氮肥生产是一个复杂的连续化工艺生产过程，需要在密闭的系统内，高温、高压的条件下进行。其设备、管道繁多；原料、中间产品、成品多具有易燃、易爆性质，有的还具有腐蚀性和毒性。

一、合成氨

合成氨指由氮和氢在高温高压和催化剂存在的条件下直接合成的氨，别名氨气。合成氨的主要原料可分为固体原料、液体原料和气体原料。生产流程包括原料气的制备过程、净化过程以及氨合成过程。

合成氨的原料和产品均为易燃、易爆、有毒物质。物理性和化学性有害因素有粉尘、各种设备运行过程中产生的振动与噪声；氨合成塔产生的高温与辐射热等。氨合成工段的毒物主要是氨气以及少量的一氧化碳、二氧化碳，从合成塔开始到成品液氨罐都可能有氨气泄漏。另外催化剂装填、更换时会产生催化剂粉尘。

对大功率压缩机、循环泵等高强度噪声源应采用消声、阻尼、隔振、吸声和隔声等综合治理措施。对工艺管线产生的强噪声应做适当的阻尼、隔振、吸声、隔声处理。对从事噪声作业的工人应配发防噪声耳塞或耳罩，以降低噪声对人体健康的影响。

合成氨生产过程中存在氨气、一氧化碳、硫化氢等高毒气体，并且多数工序在高温高压环境中进行，容器、管道、阀门、泵、压缩机等设备较易发生泄漏，引发急性职业中毒。应制定专项应急救援预案，在关键工段或地点安装固定式有毒气体报警器，悬挂警示标识，配备空气呼吸器和防毒面具。存在氨、一氧化碳、硫化氢的作业场所，地面必须画红色线条以示警示。

小贴士 92

氨

氨可经呼吸道进入人体，主要损害呼吸系统，可伴有眼和皮肤灼伤。低浓度氨对黏膜有刺激作用，高浓度可造成组织溶解坏死。轻度中毒患者出现流泪、咽痛、声音嘶哑、咳嗽、咳痰等；眼结膜、鼻黏膜、咽部充血、水肿、支气管炎或支气管周围炎症状。中度中毒可出现呼吸困难、肺部肺炎或间质性肺炎表征。严重者可发生中毒性肺水肿，或有呼吸窘迫综合征，患者剧烈咳嗽、咯大量粉红色泡沫痰、呼吸窘迫、谵妄、昏迷、休克等，可发生喉头水肿或支气管黏膜坏死脱落进而引发窒息。高浓度氨可引起反射性呼吸停止。液氨或高浓度氨可致眼灼伤、皮肤灼伤。

小贴士
93

二氧化碳

二氧化碳急性中毒常常伴有缺氧。吸入较高浓度的二氧化碳，可引起头晕，头痛、失眠、易兴奋、无力等神经功能紊乱。吸入高浓度二氧化碳，可影响中枢神经系统，产生头痛、眩晕、肌肉痉挛，甚至可能丧失知觉和造成死亡。一旦发生中毒，应迅速将中毒者脱离现场至空气新鲜处。保持呼吸道通畅，如呼吸困难，需立即给输氧。如呼吸心跳停止，立即进行心肺复苏。进入有限空间作业，需严格遵守操作规程，提供良好的通风条件，必须进行有害气体测试，做好防护，不能贸然进入。进入有限空间或其他高浓度区作业，必须有人监护。

二、尿素

尿素是由氨和二氧化碳反应合成制得。尿素装置主要由原料氨和二氧化碳的压缩、高压合成、低压分解和循环吸收、解吸与水解、蒸发与造粒等部分组成。尿素装置涉及的化工物料有液氨、CO_2气体、甲胺、尿液等，具有易燃易爆、高温高压的生产特性。尿素整个生产工艺过程中都有氨和二氧化碳，尿素合成、汽提、低压分解回收过程中可能接触到甲胺、尿素。尿素造粒过程中可能接触到甲醛蒸气。刮板机、耙料机、尿素输送皮带、仓库、包装等岗位均有可能接触到尿素粉尘。尿素生产过程中的噪声主要来源于二氧化碳压缩机、空气鼓风机、泵房动力设备以及刮料机、耙料机、输送皮带、破碎机、缝包机等设备运行过程。尿素开车过程中的高压系统也是噪声来源之一。

对大功率压缩机、机泵等高强度噪声源应采用消声、阻尼、隔振、吸声和隔声等综合治理措施。对工艺管线产生的强噪声应做适当的阻尼、隔振、吸声、隔声处理。对高压工艺气体放空口应安装小孔喷注消音器。

对从事噪声作业的工人应配发防噪声耳塞或耳罩，以降低噪声对人体健康的影响。

尿素生产过程中各个阶段都可能发生氨泄漏，易导致急性氨气中毒，应制定应急救援预案，在关键工段或地点安装固定式氨气体报警器，悬挂警示标识，配备空气呼吸器和防毒面具。

小贴士 94

尿素

尿素可通过呼吸道、消化道、皮肤吸收，对眼睛、皮肤和黏膜均有刺激作用。生产过程中，应严格密闭，加强通风排风和个人防护，设置安全淋浴和洗眼设备。一旦发生意外，应立即脱去被污染的衣物，用肥皂水和清水彻底冲洗皮肤；用流动清水或生理盐水冲洗眼睛。发生吸入中毒，应迅速脱离现场至空气新鲜处，保持呼吸道通畅，对症处理，维持生命体征，预防并发症发生。

第八节 煤化工生产

煤化工是以煤为原料，经过化学加工使煤转化为气体、液体、固体三种形态的化学品和燃料的过程。煤化工的主体部分是煤的一次化学加工、二次化学加工和深度化学加工三个阶段的化学变化过程，即煤气化、合成气化工、甲醇化工。

煤化工分为传统煤化工和现代煤化工。传统煤化工主要包括合成氨、甲醇、焦炭和电石。现代煤化工目前主要包括煤制油、煤制烯烃、煤制二甲醚、煤制天然气、煤制乙二醇等。现代煤化工与传统煤化工的主要区别在于洁净煤技术、先进的煤转化技术以及节能、治污等新技术的集成应用。

一、煤气化

1. 煤的气化泛指在气化炉中，各种煤（焦）与载氧的气化剂之间的一种不完全反应，在高温和一定压力下，最终生成由氢气、甲烷、一氧化碳、二氧化碳、氮气、硫化氢、硫氧化碳等组成的煤气。煤气化工艺可以分为三个工序：备煤、气化、粗煤气和炭黑水处理。

生产过程中，可能发生的风险有火灾、爆炸和中毒，还存在粉尘、噪声危害、烫伤、化学灼伤等。气化炉、洗涤塔、贮槽等设备管线的跑、冒、滴、漏易发生可燃气体、有毒气体泄漏，可引发火灾和硫化氢、一氧化碳、氨等急性中毒，应制定应急救援预案，在关键工段或地点安装固定式气体报警器，悬挂警示标识，配备空气呼吸器和防毒面具。自吸式全/半面罩、滤罐要根据《呼吸防护自吸过滤式防毒面具》的要求选配，对于劳动强度大的作业场所建议用透气性好的双头防毒面具。

2. 煤料输送及磨煤过程中产生的煤尘、炭黑水处理排渣过程中产生的矽尘，对作业人员的健康有危害，有引起尘肺病的风险。作业场所应设置相应的除尘设施，作业人员应佩戴防尘口罩或面罩。

3. 磨煤机、大功率机泵等产生的高强度噪声源，应采用消声、阻尼、隔振、吸声和隔声等综合治理措施。对从事噪声作业人员应配发防噪声耳塞或耳罩，以降低噪声对个人健康的影响（图 3–4）。

噪声危害防控：优先考虑采取工程措施以降低工作场所的噪声，对无法降低噪声的工作环境，采用个体防护降低人耳实际接触噪声的水平，加强作业人员上岗前和在岗期间的职业健康检查，以便及时发现职业禁忌证和疑似职业病，保护劳动者身体健康。

图 3-4　噪声作业人员配发使用防噪声耳塞或耳罩

4. 气化炉运行过程中会产生高温危害。作业人员在作业时应佩戴隔热手套、防护服等防护用品，以防止灼烫伤害。

5. 煤气化生产装置存在的职业病危害严重，应做好作业人员的职业病危害告知工作，加强职业健康日常教育与职业病危害防护专项培训，持续做好作业人员的职业健康监护，开展作业场所的职业病危害因素检测和超标治理工作。

二、煤制甲醇

1. 甲醇是合成气化工的主要产品。煤气化产生的合成气含有一定量的其他组成，主要是硫化氢、羰基硫等硫化物和二氧化碳。经过低温甲醇洗等净化工艺可以得到尽量纯的合成气，作为合成甲醇的原料。

2. 合成气制甲醇工艺包括变换、低温甲醇洗、压缩、甲醇合成、精馏、氨冷冻、硫回收、膜分离等工序。

3. 合成气制甲醇生产过程中存在的职业病危害因素包括硫化氢、一氧化碳、氨、甲醇、二氧化硫、其他粉尘、噪声、高温等。

4. 对压缩机、冰机等高强度噪声源应采用消声、阻尼、隔振、吸声和隔声等综合治理措施。对从事噪声作业的工人应配发防噪声耳塞或耳罩，以降低噪声对人体健康的影响。

5. 合成气制甲醇生产过程中可能发生硫化氢、一氧化碳、氨、甲醇泄漏，尤其是硫黄回收和尾气处理装置的设备或阀门发生泄漏时，可聚积高浓度硫化氢，易导致急性中毒，因此，应制定应急救援预案，在关键工段或地点安装固定式气体报警器，悬挂警示标识，配备空气呼吸器和防毒面具。

小贴士 95

甲醇

甲醇在水及体液中溶解度极高，可经呼吸道、胃肠道和皮肤吸收，主要作用于神经系统，对视神经和视网膜有特殊选择作用。甲醇的毒性与其代谢产物甲醛、甲酸和其本身性质有关。甲醛抑制氧的利用和产生二氧化碳的活力很强，能抑制视网膜的氧化磷酸化过程，不能合成三磷酸腺苷，使膜内细胞发生退行性变化，最后导致视神经萎缩，重者还可致失明。甲醇使机体代谢障碍，可造成乳酸等有机酸积聚，与甲醇的体内转化物甲酸一起，引起酸中毒。急性中毒时，首先中枢神经系统麻醉，继而出现代谢性酸中毒及视神经、视网膜损害，伴有黏膜刺激症状。轻者有头痛、头晕、乏力、视力模糊、步态蹒跚和失眠等，重者伴有复视、眼球疼痛、胸闷、共济失调。长期吸入高浓度的甲醇蒸气，可产生神经衰弱、自主神经功能失调症状，也可有黏膜刺激和视力减退。皮肤接触会引起发痒、湿疹和皮炎，其程度与甲醇中不饱和醇、醛等杂质含量有关。生产过程应做到密闭化，定期进行设备检修，杜绝跑、冒、滴、漏，要加强个体防护。

三、煤制烯烃

1. 完整的煤制烯烃工艺包括：①煤气化制取合成气。②合成气合成甲醇。③甲醇脱水制乙烯、丙烯等低碳烯烃（methanol to olefins，MTO）。④单体烯烃聚合成聚烯烃。甲醇制烯烃是石脑油路线制烯烃的替代工艺。目前国内 MTO 工艺由于其所用催化剂的不同，主要分为 DMTO 和 SMTO 两种。

2. DMTO 采用流化床反应器，和以 SAPO-34 为主体的催化剂。包括反应再生、急冷分馏、气体压缩、烟气能量利用和回收、反应取热、再生取热等单元。

3. SMTO 是采用流化床反应器和中石化自主研发的 SAPO-34 分子筛催化剂，同样包括甲醇转化和轻烯烃回收两部分。粗甲醇（MTO 级）先转化为烯烃混合物，再经分离制得聚合级乙烯、聚合级丙烯、燃料气、丙烷、混合碳 4 碳 5、粗汽油产品。

4. SMTO 生产过程中存在的主要职业病危害因素化学因素包括甲醇、乙烯、丙烯、丁烯、碳 4、粗汽油、氢氧化钠、二甲苯、氨、其他粉尘等，物理因素包括噪声、高温等。

5. 对大功率压缩机、机泵等高强度噪声源应采用消声、阻尼、隔振、吸声和隔声等综合措施治理。对甲醇进料等工艺管线产生的强辐射噪声源应做适当的阻尼、隔振、吸声、隔声处理。对从事噪声作业的工人应配发防噪声耳塞或耳罩，以降低噪声对人体健康的影响。

6. 甲醇制烯烃生产过程中可能发生甲醇、二甲苯、氨泄漏，易导致急性中毒，应制定应急救援预案，在关键工段或地点安装固定式气体报警器，悬挂警示标识，配备空气呼吸器和防毒面具。

四、煤制二甲醚

二甲醚是一种重要的绿色工业产品。作为甲醇制烯烃的中间产物，其工艺生产工艺流程短，生产成本低。制取二甲醚已经成为新兴的“绿色化工”。目前，二甲醚主要生产方法有甲醇脱水制二甲醚法和合成气一步法制二甲醚。其中脱水制二甲醚工艺是粗甲醇经过二甲醚固定床反应器进行脱水反应生成二甲醚，经精馏后即可得到合格的二甲醚产品。二甲醚合成和精馏装置生产过程中存在甲醇、二甲醚和噪声危害。

对机泵设备产生的高强度噪声源应采用消声、阻尼、隔振、吸声和隔声等综合治理措施。对从事噪声作业的工人应配发防噪声耳塞或耳罩，以降低噪声对人体健康的影响。由于生产过程中可能发生甲醇、二甲醚泄漏，易导致急性中毒，应制定应急救援预案，在关键工段或地点安装固定式气体报警器，悬挂警示标识，配备空气呼吸器和防毒面具。

五、煤制乙二醇

1. 化学工业中合成乙二醇的煤化工路线是国内独有的情况，是通过煤制合成气然后合成乙二醇。目前国内研究把合成气合成乙二醇的工艺分为直接工艺和间接工艺，有直接合成路线、草酸酯路线和甲醇甲醛路线三种。

2. 由于采取不同的工艺路线，其生产过程中存在的职业病危害因素需具体分析，本书仅以草酸酯工艺路线举例说明。

3. 草酸酯工艺是以 CO、H_2、O_2 为原料，经过氧化酯化、羰化反应、草酸酯加氢、乙二醇精制等工艺单元，生产出乙二醇产品。

4. 酯化预反应器、一酯塔、二酯塔、甲醇回收塔、输送泵密闭不严或高压放空产生 NO、NO_2、O_2、甲醇、亚硝酸甲酯、硝酸、噪声；羰化进出料换热器、羰化反应器、羰化产物分离罐泄漏产生一氧化碳、亚硝酸甲酯、草酸二甲酯、碳酸二甲酯、一氧化氮；羰化反应器催化剂回收及回填产生触催化剂粉尘。吸收甲醇回收塔、草酸酯吸收塔泄漏产生草酸二甲酯、碳酸酯、氮氧化物、甲醇；酯化循环气压缩机泄漏产生一氧化氮、甲醇；草酸酯回收塔、中间罐区泄漏产生碳酸酯、草酸二甲酯；压缩机、泵及气体管道等设备运转产生噪声；甲醇回收塔、羰化反应器、蒸馏塔、换热器等可能产生高温。

5．对压缩机、泵及气体管道产生的高强度噪声源应采用消声、阻尼、隔振、吸声和隔声等综合治理措施。对从事噪声作业的工人应配发防噪声耳塞或耳罩，以降低噪声对人体健康的影响。

由于生产过程中可能发生一氧化碳、氮氧化物、甲醇、乙二醇泄漏，易导致急性中毒，应制定应急救援预案，在关键工段或地点安装固定式气体报警器，悬挂警示标识，配备空气呼吸器和防毒面具。

六、煤制天然气

1．煤制天然气的工艺实际上是合成甲烷。主要工艺包括：煤气化、空分、部分变换、净化（低温甲醇洗）、甲烷化、天然气液化等单元。在甲烷化单元，脱硫后原料气预热后，陆续通过三个甲烷化反应器，CO 几乎完全转化成 CH_4。产品气主要以 CH_4 为主，其中包含微量的 H_2、CO_2，还有惰性气体（N_2 和 Ar）。

2．天然气液化工段主要将甲烷合成装置生产的 SNG 原料气经过脱 CO_2、干燥、液化等工序生产符合要求的液化天然气产品。甲烷化产生的主要职业病危害因素为甲烷、低碳烃、高温和设备运转产生的噪声。原料气中含有甲烷、低碳烃、二氧化碳，在其输送、脱二氧化碳、干燥液化等过程可产生甲烷、低碳烃、二氧化碳。在脱除二氧化碳过程中使用 MDEA 溶液作为吸收剂，可产生相应危害。在液化过程中使用乙烯、丁烷、氮气、甲烷作业制冷剂，可产生乙烯、丁烷、氮气、甲烷、低温危害。

对设备产生的高强度噪声源应采用消声、阻尼、隔振、吸声和隔声等综合治理措施。对从事噪声作业的工人应配发防噪声耳塞或耳罩，以降低噪声对人体健康的影响。甲烷化单元生产过程中可能发生甲烷泄漏，易导致窒息，应制定应急救援预案，在关键工段或地点安装固定式气体报警器，悬挂警示标识，配备空气呼吸器和防毒面具。

七、煤制合成油

煤制合成油的基本原理是将合成气通过催化剂转化为柴油、石脑油和其他烃类产品的聚合过程。其工艺流程主要包括费托合成、馏分油、汽提、脱碳和催化剂再生四个单元。

煤制油工艺与其他主流煤化工产品（尿素、甲醇）工艺相似，由煤气化、净化、合成、粗油加工与分离四个单元组成。

粗油加工主要是将合成出来的轻质油、重质油、重质蜡经过加氢精制和加氢裂化、脱蜡等工艺得到柴油、石脑油、液化气等稳定的产品。同时油品精制的尾气要经过脱碳、油洗、部分氧化、变换、再脱碳等工艺转化为纯氢，用于加氢和返回费托合成系统中。设备运行过程中产生噪声。

费托合成工艺的生产过程中存在 CO、石脑油、柴油；压缩机等设备运行过程中产生噪声；蒸汽过热炉、换热器、吸收塔、再生塔等存在高温。还可能发生一氧化碳泄漏，易导致急性中毒，应制定应急救援预案，在关键工段或地点安装固定式气体报警器，悬挂警示标识，配备空气呼吸器和防毒面具。

对设备产生的高强度噪声源应采用消声、阻尼、隔振、吸声和隔声等综合治理措施。对从事噪声作业的工人应配发防噪声耳塞或耳罩，以降低噪声对人体健康的影响。

第九节 石油化工助剂生产

一、催化裂化催化剂

催化裂化催化剂主要有含稀土 Y 型分子筛高铝微球和超稳分子筛。共 Y-15 催化裂化催化剂的生产过程为：以水玻璃和硫酸铝为原料，用两步工胶工艺合成含氧化铝的硅铝基质，加入氨水后添加两交两焙稀土 Y 分子筛活性组分。上述混合浆液过滤除去大量盐分。用压力式喷雾干燥成型为微球状，经多次水洗除去杂质后，进行气流干燥除去水分即为成品。生产作业过程中，主要危险因素及风险因素种类较多，生产物料和产品有一定的毒性和腐蚀性，干燥系统有粉尘产生，燃料气系统干气具有易燃、易爆的危险。整个系统一旦发生跑、冒、滴、漏现象，遇到明火可导致火灾、高压浆料逸出导致接触人员灼伤和其他安全事故。非生产人员在未佩戴个人防护用品的情况下不能进入电除尘区域，避免导致触电的危险。作业人员须佩戴符合国家标准要求的防尘、防毒、防电击、隔热服等个人防护用品。

二、催化重整催化剂

催化重整催化剂是含贵重金属铂、铼的催化剂，低铂铼重整催化剂以高纯度氧化铝为原料。油柱形成为球状 r-AL_2O_3 担体，浸渍法载上铂、铼制成产品。将高纯度氧化铝粉酸化制成浆液，通过有氨柱形成氢氧化铝小球，经干燥和电炉焙烧呈小球担体。用铂、铼金属制得氯铂酸和高铼酸的共浸液，浸渍在上述制备的小球担体上，浸金属后的小球经干燥、活化即可成为催化重整催化剂成品。生产中可能面临的风险主要来自酸化工序、氯铂酸制备及浸渍工序、干燥工序。硝酸对设备的强腐蚀作用，作业人员在巡检过程中可能接触到强腐蚀性物质，一旦发生跑、冒、滴、漏现象，接触人员存在灼伤的风险。可燃气一旦发生跑、冒、滴、漏现象，遇到明火即可发生火灾、爆炸等安全事故。作业人员须佩戴符合国家标准要求的防尘、防毒、防电击、隔热服等个人防护用品。

三、加氢精制催化剂

用于油品精制的加氢精制催化剂有多个品种，性能各异，基质为氧化铝，浸渍不同金属做活性组分。RN-1加氢精制催化剂是加工形成三叶草条形状的r-AL_2O_3担体，分别浸渍氟和钨镍金属制成。生产所需原料有硝酸、氟盐等强腐蚀性的物质，干气作为燃料，是易燃易爆物质。生产作业中，均有可能接触到多种有毒、有害及腐蚀性物质，一旦设备发生跑、冒、滴、漏现象，接触人员存在灼伤、中毒的危险。干气作为燃料，发生泄漏遇到明火，存在火灾、爆炸、中毒的危险。作业人员须佩戴符合国家标准要求的防尘、防毒、防电击、隔热服等个人防护用品。

四、络合剂

络合剂是合成用助剂的一种。乙二胺四乙酸是在丁基橡胶聚合、氧化还原引发系统中，作为活化剂的组成部分，主要为络合亚铁离子控制聚合反应速度的助剂。生产工序有氯乙酸钠制备，缩合、酸化、吸滤与水洗、脱水等组成。

原料乙二胺是易燃烧的液体。乙二胺、氯乙酸、硫酸、氢氧化钠等为有毒和腐蚀性物质。一旦发生跑、冒、滴、漏现象，接触人员存在灼伤、中毒的风险，泄漏物料遇到明火还存在火灾、爆炸的危险。在催化重整催化剂装置作业的人员须佩戴符合国家标准要求的防尘、防毒、防电击、隔热服等个人防护用品。

五、防老化剂

1. 防老化剂（丁） 抗氧化剂通称为防老化剂。防老化剂以胺类为主，酚类产品也不断涌现。生产过程是：2- 萘酚和苯胺融化，与苯胺盐酸盐混合，送入缩合釜进行缩合反应。再加入碳酸钠中和，加热蒸馏回收，真空脱水、切片、粉碎、包装制得。防老化剂（丁）的原料苯胺为可燃液体，2- 萘酚和产品防老化剂为可燃固体。苯胺为有毒物质，其余物料也是有毒物质。缩合反应过程存在高温、高压，苯胺蒸气一旦由反应釜泄漏出来，即有造成火灾爆炸的危险。投料作业时，萘酚一旦发生跑、冒、滴、漏现象，可导致接触人员发生中毒。作业人员须佩戴符合国家标准要求的防尘、防毒、防电击、隔热服等个人防护用品。

小贴士 96

酚

皮肤接触者，应立即脱去被污染的衣服，用 10% 酒精反复擦拭，再用大量清水冲洗，直至无酚味为止；然后用饱和硫酸钠湿敷。灼伤面积大，而酚在皮肤表面滞留时间长者，应注意是否存在吸入中毒，并积极处理。眼部沾染毒物时，迅速用大量温水冲洗（至少 15 分钟），以后用 3% 硼酸溶液冲洗。

2. 苯乙烯化苯酚（防老化剂 SP） 生产过程是将溶化的苯酚和催化剂硫酸铵按比例送入芳烷基化釜，开动搅拌装置调节温度，添加苯乙烯进行芳烷基化反应制得烷基化液。此烷基化液经过沉淀、过滤即可得到苯乙烯化苯酚成品。原料苯乙烯为易燃液体，苯酚、苯乙烯、硫酸为有毒物质，苯酚、硫酸具有腐蚀性。隐患关键控制点为烷基化釜。一旦烷基化釜发生跑、冒、滴、漏现象，泄漏的物料可使接触人员发生中毒、灼伤的事故，一旦物料遇到明火还存在火灾爆炸的危险。

3. 防老化剂RD（2, 2, 4-三甲基-1, 2-二氢化喹啉聚合体） 生产过程是将苯胺、甲苯（共沸液）、盐酸按比例投入缩聚釜加热到一定温度，在机械搅拌下添加丙酮，苯胺与丙酮缩聚成（RD）。缩合液经氢氧化钠中和和水洗，再经蒸馏、切片、包装即可得到产品。原料为丙酮、苯胺、盐酸、甲苯均为有毒物质，盐酸为腐蚀性物质。隐患关键控制点两个为：缩聚釜、蒸馏釜和加料作业。缩聚釜、蒸馏釜在升温加热时的主要事故是冲料（冒釜）。一旦发生冲料现象，物料遇到明火存在火灾爆炸的危险，作业人员接触到泄漏的物料存在发生中毒、灼伤的危险。在压料、送料、加料作业过程，作业人员接触到跑、冒、滴、漏的物料也会发生急性中毒、灼伤。

六、促进剂

促进剂是橡胶硫化中的一种能加快橡胶与硫化剂反应速率的物质，常用的促进剂主要有秋兰姆类、噻吩类、次磺酰胺类。

1. 二硫化碳　二硫化碳是四甲基秋兰姆、2-巯苯并噻吩、二硫化二苯并噻吩的前置装置，为上述促进剂的生产提供主要原料二硫化碳。将反应甄加热到一定温度，然后将木炭投入甄中摊匀，再将熔化的硫黄通过投硫器投入甄的底部，提高炉温至适当的温度，气化硫蒸气与烧红的木炭接触生产二硫化碳，经冷凝、蒸馏为粗二硫化碳。二硫化碳为易燃液体，二硫化碳及废气硫化氢是有毒物质。一旦出现跑、冒、滴、漏现象可能会导致接触人员高温烫伤、中毒伤害。作业人员须佩戴符合国家标准要求的戴防尘、防毒、防电击、隔热服等个人防护用品。

小贴士 97

二硫化碳

二硫化碳以呼吸道吸入人体为主，经皮肤也能吸收。急性中毒时，出现眩晕、头痛、恶心、步态蹒跚等症状，并有感觉异常、四肢无力等神经系统症状；重度中毒先呈强烈兴奋状态，以后出现谵妄、意识丧失、痉挛性震颤、瞳孔反射消失，最后昏迷而死亡。二硫化碳对皮肤有刺激作用，有烧灼、麻木感觉，严重者发生水疱，并可出现局部末梢神经病变。慢性中毒时，可出现神经衰弱和自主神经功能紊乱。长期缺乏必要的防护，会发生中毒性脑病，出现听、视、触方面的幻觉，躁狂、谵妄、抑郁，或带有意识丧失或不丧失的癫痫发作等。生产过程中，应严格密闭，加强通风排风和个人防护，设置安全淋浴和洗眼设备。一旦发生意外，应立即脱去被污染的衣着，用肥皂水和清水彻底冲洗皮肤；用流动清水或生理盐水冲洗眼睛。发生吸入中毒，应迅速脱离现场至空气新鲜处，保持呼吸道通畅，对症处理，维持生命体征，预防并发症发生。

2. 二硫化四甲基秋兰姆（tetramethylthiuram disulfide，TMTD） TMTD生产流程由缩合、氧化、水洗、脱水、干燥等工序组成。原料二硫化碳、二甲胺是易燃液体，氯气为有毒气体，氢氧化钠为腐蚀性物质。各系统内一旦发生跑、冒、滴、漏现场，可能发生火灾、爆炸等事故，也可导致接触人员发生中毒事故。作业人员须佩戴符合国家要求的防尘、防毒、隔热服等个人防护用品。

小贴士 98

氯气

氯是一种强烈的刺激性气体。接触氯气，轻者出现流泪、咳嗽、咳少量痰、胸闷，出现气管和支气管炎的表现；中度中毒发生支气管肺炎或间质性肺水肿，还可出现呼吸困难等；重度者发生肺水肿、昏迷和休克，可出现气胸、纵隔气肿等并发症。吸入极高浓度的氯气，可引起迷走神经反射性心搏骤停或喉头痉挛而发生“电击样”死亡。皮肤接触液氯或高浓度氯，在暴露部位可有灼伤或急性皮炎。长期低浓度接触，可引起慢性支气管炎、支气管哮喘等；可引起职业性痤疮及牙齿酸蚀症。应急处置时，必须佩戴空气呼吸器进入现场。一旦发生意外，应立即将患者移离现场至空气新鲜处，脱去被污染的衣物；皮肤污染或溅入眼内用流动清水冲洗至少 20 分钟；呼吸困难给氧，必要时用合适的呼吸器进行人工呼吸。生产过程中，必须落实氯气设备的密闭化，要做好定期检修维护，防止跑、冒、滴、漏，现场确保有效的局部排风和全面通风，设置氯气检测报警器，进入罐、限制性空间或其他高浓度区作业，须严格遵守有限空间作业规范。

二甲胺

二甲胺有氨的气味，对眼、皮肤、黏膜有较强的刺激作用。高浓度吸入可损伤肺部。液态甲胺类（包括一甲胺、二甲胺和三甲胺）化合物有强刺激及腐蚀作用，可引起眼及皮肤化学性灼伤。气态二甲胺可经呼吸道吸入，溶液可经皮肤吸收。溅入眼内可引起眼灼伤，畏光、流泪、眼睑红肿、结膜充血、角膜水肿及浅层溃疡。长期接触，可感到眼、鼻、咽喉干燥和不适等。生产过程中，应严格密闭，加强通风排风和个人防护措施，设置安全淋浴和洗眼设备。

3. 2-巯基苯并噻吩（M）、二硫化二苯并噻吩（DM） 生产过程是：将经过配制的多硫化钠和二硫化碳及邻硝基氯苯送入缩合釜，在一定温度和压力下，搅拌缩合成 M-钠盐，然后在氧化釜鼓入空气进行氧化，在酸化釜加入 10%～15% 稀硫酸进行酸化为 M，经水洗、脱水、干燥、粉碎等工序制成促进剂 M 成品。将促进剂 M 和亚硝酸钠送入氧化釜加热到一定温度，吹入空气并滴加浓度为 4～4.5 克 /100 毫升的硫酸，氧化制成促进剂 DM，然后经水洗、脱水、干燥、筛选，包装为产品。原料二硫化碳为易燃液体、有毒物质，其他物料硫酸为腐蚀性物质，2- 巯基苯并噻吩（M）、二硫化二苯并噻吩（DM）为有毒物质。装置的安全关键控制点有：缩合釜、酸化釜、氧化釜工序；干燥、粉碎、包装工序。反应釜缩合釜、酸化釜、氧化釜工序存在有毒物质和易燃易爆物料，一旦出现跑、冒、滴、漏现象，遇到明火可发生火灾、爆炸事故，作业人员接触泄漏的物料可发生中毒、灼伤伤害。干燥、粉碎、包装工序，作业人员接触到 M、DM 粉尘对人体的呼吸系统产生一定的影响，M、DM 粉尘与空气混合达到一定比例还可能发生爆炸事故。作业人员须佩戴防尘、防毒、防灼伤等个人防护用品。

4. N- 环己基 -2- 苯并噻吩次磺酰胺（CZ） 将促进剂 M 和环己胺水溶液在氧化釜中进行搅拌混合，然后将氢氧化钠和氯气反应制得的次氯酸钠在进行搅拌下滴加釜内，氧化生产促进剂 CZ 悬浮液，再经过水洗、脱水、干燥、筛选即可获得产品。原料环己胺、氢氧化钠、氯气、次氯酸钠，均为有毒和具有腐蚀性的物质。安全健康关键控制点为次氯酸制备工序、加料工序。次氯酸钠制备工序是通过氯气和氢氧化钠反应完成的，一旦发生跑、冒、滴、漏现象，泄漏的氯气可导致接触人员中毒，接触含氢氧化钠的物料可导致接触人员灼伤，次氯酸钠在一定条件下还会发生爆炸事故。加料工序液氯气化过程，操作不当容易发生氯气泄漏，导致接触人员发生氯气中毒。环己胺加料过程一旦发生跑、冒、滴、漏现象时，泄漏的环己胺与空气中的二氧化碳反应生成碳酸盐，对接触人员的皮肤和黏膜具有腐蚀性，还会发生火灾爆炸事故。作业人员须佩戴防尘、防毒、防灼伤、隔热服等个人防护用品。

第四章 辅助生产

第一节 电气仪表自动化

一、仪表自动控制

仪表自动控制设施集中在中心控制室，也遍布装置的各个部位。现场仪表用于对运行工况参数和设备运行状况进行监测，并将信息传送到控制室，对物料进行调节控制；室内仪表在中心控制室内有各类记录，显示仪表以及对工艺参数进行调节；联锁系统用以保障生产安全运行和设备安全运转的继电保护系统以及对某个工序自动操纵的程序控制系统；计算机控制系统，如集散系统、微机控制系统等对装置进行控制和管理的仪表及设施，如防火和有害气体检测仪表以及为了消除灾害进行控制。仪表从中控室到现场，种类繁多，功能各异。仪表设备本身容易出现故障，如堵、漏、卡、误动作、冻结、导线断线、端子接触不良、干扰、元器件老化或质量低劣等，一旦仪表发生故障，不能及时处理，容易酿成事故。作业人员需严格执行巡回检查制度，坚持日常计划性检修和保养维护。要避免接触电离辐射危害，做好屏蔽保护；避免保护不好、距放射源过近，及受照射时间过长；让相关人员了解避免辐射的各种实用方法并能掌握辐射危害的防护方法，缩短接触时间，加大操作距离与实行远程遥控。

搞好屏蔽防护，用好电离辐射的测量和监视仪器等，尤其需注意以下几点：

（1）安装源及拆或卸放射源时，实施监护的安全部门人员必须到达现场。装源前，必须明显标记好源的方向，穿戴辐射防护服装和器具，并携带辐射探测仪。

（2）现场调试仪表时，必须有监护人员在场。穿戴辐射防护服装，并携带辐射探测仪，要求必须两人以上轮流进行工作（图 4–1）。

（3）操作放射性仪表前，有关人员要认真学习该仪表的使用说明书。了解有关的安全知识及防护措施，然后才能开展工作。

（4）仪表维护人员负责放射性仪表的调整，检验和维护。凡有关放射源的安装、拆卸或更换，均应请专业队伍处理。

（5）在可能有放射性污染或危险的场所工作时，都必须穿铅工作服，戴铅手套、铅眼镜。

自动化仪表设备控制复杂的生产工艺流程，长期高负荷运行、磨损老化等都有可能发生故障，极易造成巨大的经济损失，引发职业安全与健康事故。

图 4–1　检查自动化仪表装置

（6）对放射源容器要进行污染检查，应使用夹器具操作，严禁触摸被污染的容器和放射源物质。无需操作放射源时，严禁打开放射源的容器和带有放射源的仪表装置。

（7）放射源备件要妥善存放在指定地点，屏蔽保管，严禁丢失。

（8）人员离开放射性作业场所，必须彻底清洗身体的暴露部分，并用温水和肥皂洗手 2 ～ 3 分钟。有害气体检测仪的设置应遵照 GB/T 50493《石油化工可燃和有毒气体设置规范》执行。

（9）凡到有毒介质可能泄漏的场所时，要设置使用有毒气体报警仪，必须佩戴适宜的呼吸防护用品，要严格按规程进行操作，并有安全措施。如有报警，应佩戴好适宜的个体防护用品，立即到现场察看确认，避免麻痹心理，避免放过隐患造成事故危害。

小贴士 100

个体防护装备

使用防护用品进入应急现场作业时，应采取至少两人或多人监护措施，以便相互协作，相互监护。进入密闭或有限作业空间内作业时，应预先对作业空间进行充分通风换气，并准确测定作业环境空气中的氧气和其他有害气体的浓度，作业人员必须佩戴并使用空气呼吸器或氧气呼吸器等隔离式呼吸保护器具，严禁使用过滤式面具，以确保作业人员的安全健康；使用后要按照规定进行个体防护装备的洗消处理图（4–2）。

小贴士 101

A 级防护

A 级防护：适用于环境中的有毒气体或蒸汽，或其他物质对皮肤危害较为严重的环境。防护对象：防护高蒸气压、可经皮肤吸收，或致癌和高毒性化学物；可能发生高浓度液体泼溅、接触、浸润和蒸气暴露；接触未知化学物（纯品或混合物）；有害物浓度达到 IDLH，缺氧。防护装备：全面罩正压空气呼吸器（SCBA，根据容量、使用者的肺活量、活动情况等确定气瓶使用时间）、全封闭气密化学防护服（为气密系统，防各类化学液体、气体渗透）、防护手套（化学防护手套）、防护靴（防化学防护靴）、安全帽。

注：立即威胁生命和健康浓度（immediately dangerous to life or health concentration，IDLH）：有害环境中空气污染物浓度达到某种危险水平，如可致命，或可永久损害健康，或可使人立即丧失逃生能力。

图 4-2　正确使用报警器和防护用具

小贴士 102

B 级防护

B 级防护：适用于环境中的有毒气体（或蒸汽），或其他物质对皮肤危害不严重的环境。防护对象：为已知的气态毒性化学物质，能皮肤吸收或呼吸道吸入，达到 IDLH 浓度，缺氧；装备：SCBA（确定防护时间）、头罩式化学防护服（非气密性，防化学液体渗透）、防护手套（化学防护手套）、防护靴（防化学防护靴）、安全帽。

C 级防护

C 级防护：适用于低浓度污染环境或现场支持作业区域。防护对象：非皮肤吸收有毒物，毒物种类和浓度已知，浓度低于 IDLH 浓度，不缺氧。装备：空气过滤式呼吸防护用品（正压或负压系统，选择性空气过滤，适合特定的防护对象和危害等级）、头罩式化学防护服（隔离颗粒物、少量液体喷溅）、防护手套（防化学液体渗透）、防护靴（防化学液体渗透）。

D 级防护

D 级防护：防护对象是适用于现场支持性作业人员。装备是衣裤相连的工作服或其他普通工作服、靴子及手套。

二、电气安全

石油化工企业电力的应用非常普遍，从动力到照明，从电热到制冷，从控制到信号，从仪表到电子计算机等，无不使用电力。电力遍布企业各个角落，电力是最便利、最广泛、最有使用价值的能源。然而由于设计、制造、安装时未能按有关规定进行；缺少安全知识和安全措施，而未能及时发现异常情况和采取对策；由于缺少安全管理手段，使运行和维护不当，设备绝缘损坏和自然老化等原因的存在，电也会给企业和社会带来灾害，使财产受到损失，造成人身伤亡。尤其石油化工生产具有高温高压，易燃易爆等特点，生产系统具有连续性，但又互相制约，而电力供应也是相互牵连的整体，一旦发生事故，影响面广，损失严重。还有大自然的雷电，生产过程中的静电，都是日常维护，监督检查的重点。因此，电气安全已成为企业生产中的重要问题之一。

石化企业的运行，必须依赖电力。无论是照明、动力还是控制，电力都是石油化工企业的基础。因此，电力安全就成为企业最为关注的问题。无论是供电电力，还是大自然的雷电以及生产过程中产生的静电，都有可能危害到生产安全，处理不当甚至酿成灾难。

电气安全工作涉及面非常广泛，它是关联许多学科的系统工程学。尤其电气事故的抽象性、综合性、广泛性，给电气安全工作带来一定的难度，因此必须予以高度重视。除了提高电气设备的本质安全外，还应做到严格执行各种安全管理制度，贯彻有关安全技术规程，采取各种有效的安全技术措施，坚持经常性的安全思想和安全技术教育，开展安全大检查，提高安全监督监测手段，防止各类事故的发生。

静电是难以定量捕捉的物理现象，并且缺乏再现性。在某些方面，它又和动电一样，与人类的生产和生活有着密切的联系。尤其是石油化工生产从原料到产品多具有易燃易爆的特性，静电放电是这些可燃物质可能的着火源，由此产生爆炸、火灾等，因此对静电的防护是安全生产监督的重点之一。在易发生爆炸危险场所，首先应了解并注意静电源。对容易产生静电荷的地方要严格监督：如石油液体流动、搅拌、调和、过滤、喷洒飞溅等；粉体物料的研磨、筛分、搅拌、干燥、输送等；化学纤维间的摩擦、受压、拉伸、烘干等，以及石油气体的喷射和静电感应等。监督检查这些场所的防护措施是否完善、人员操作程序是否得当、是否按规定操作等（图 4–3）。

易燃易爆场所：空气湿度低，存放着火点较低物体、容易发生爆炸的场所。如油库、化工企业、加油加气站、燃气供气场站、燃气储备站、燃气设施、危化场所等。

图 4-3　进入易燃易爆场所需正确着装

第二节　供汽、供氮、供排水

一、供汽

石油化工工业的用汽主要来自热电厂及本厂废热锅炉。根据蒸汽参数不同，可分为低温低压、中温中压、高温高压。蒸汽的工艺过程分为汽水、燃烧、供汽三个系统：

1. 汽水系统　汽水系统包括锅炉、蒸汽母管、汽轮机、凝汽器、水处理设备、给水泵、除氧器。生产中接触噪声、高温、粉尘（煤尘）、酸碱等。煤制粉过程中可能存在噪声及粉尘，通过工程控制措施，如设置隔声、吸声、减震措施，降低噪声强度；为操作人员配备个体防护用品，如护听器减少操作人员实际的噪声暴露；酸碱防护手套、护目镜，有效减少酸碱伤害。采用管理措施，如减少操作人员在现场的工作时间，从而减少实际的暴露。

2. 燃烧系统 燃烧系统包括锅炉的燃烧部分及输煤除灰系统等。燃料在锅炉中燃烧可能存在高温、噪声。通过工程控制措施，如设置隔声、吸声、减震措施，降低噪声强度；为操作人员配备个体防护用品，如防颗粒物口罩减少操作人员实际的粉尘暴露；采用管理措施，如减少操作人员在现场的工作时间，从而减少实际的暴露。

3. 供汽系统 过热蒸汽从锅炉送至蒸汽母管，然后经减温减压器，降至用户需要的压力和温度，通过供气管线，送到用户。过热蒸汽从锅炉送至蒸汽母管，然后经减温减压器，降至用户需要的压力和温度，通过供气管线，送到用户过程中气流产生的噪声及高温热辐射。采用隔声、消声器降低噪声，采用保温降低热辐射。为操作人员配备个体防护用品，如护听器减少操作人员实际的噪声暴露；采用管理措施，如减少操作人员在现场的工作时间，从而减少实际的暴露。

二、供氮

氮气由空分装置制取。空气压缩机是大功率高速旋转的透平压缩机，是空分设备的主机。此外，还包括分馏塔、蓄冷器、透平膨胀机、液空吸附系统和液氧吸附系统、氧气压缩及充瓶等。空气压缩机工作时会产生较大的噪声，气体、液体在管道中的高速流动、气体放空也会产生较大的噪声。通过工程控制措施，如设置隔声、吸声、减震措施，降低噪声强度；为操作人员配备个体防护用品，如护听器减少操作人员实际的噪声暴露；采用管理措施，如减少操作人员在现场的工作时间，从而减少实际的暴露。液氮是低温的主要来源，需要为操作人员配备防低温手套，防止冻伤。此外，还要防范气体爆炸。

三、供水

供水可划分为生活水、生产水（新鲜水）、消防水、循环水等四个系统。生活水系统应向食堂、浴室、化验室、卫生辅助用室以及办公室等供给生活及劳保用水；生产水系统应向软水站、脱盐水站、化学加药设施，循环水设施及其他单元供给生产用水；消防水系统分低压、高压与临时高压供水系统；循环用水系统应向冷凝器、冷却器、机泵以及需要直接冷却的物料供给冷却用水。循环水处理中所用的药剂大部分具有腐蚀性和毒性，对人体有害，如硫酸、阻垢、缓蚀和杀虫药剂等。此外，有的药剂易挥发，有的易水解，还有的吸潮和要求避光，因此在运输、储存、保管和使用时要注意防火、防腐、防毒、防尘。循环水泵、风机等会产生噪声，循环水处理时会使用酸碱、水处理药剂。生产中，要采取工程控制措施，如设置隔声、吸声、减震措施，降低噪声强度；为操作人员配备个体防护用品，如护听器减少操作人员实际的噪声暴露，酸碱防护手套、护目镜，有效减少酸碱、化学药剂的伤害；采用管理措施，如减少操作人员在现场的工作时间，减少实际的暴露。

四、排水

排水系统分为生产废水、生产污水、生活污水、雨水四个系统。未经污染的雨水、雪水、地面冲洗水，应排入雨水或生产废水系统；食堂、厕所的排水，应排入生活污水系统；生产装置区、罐区、装卸油区内污染的雨水和地面冲洗水，应排入生产污水系统。炼油生产排水中有含油污水、含硫污水、含盐污水等。化工生产排水中随产品结构不同其污水的组成各异。不管何种污水，都必须首先遵照清污分流的原则进行分流。对流入污水处理厂生物处理工序的污水，必须进行物理化学生物预处理，使之达到下一级生物处理所允许的水平。生产中污水泵、风机等会产生噪声，污水中会含有硫化氢、氨、苯等化学有害因素。需采取工程控制措施，如设置隔声、吸声、减震措施，降低噪声强度；为操作人员配备个体防护用品，如护听器减少操作人员实际的噪声暴露；呼吸防护用品可有效降低化学性有害物质的伤害，同时配备固定式、便携式有毒气体报警器；采用管理措施，如减少操作人员在现场的工作时间，从而减少实际的暴露。

小贴士 105

个体防护用品

个体防护用品是劳动者在劳动过程中为防御物理、化学、生物等外界因素伤害所穿戴、配备和使用的劳动防护用品，使用这些用品能消除或减轻职业病危害因素对劳动者健康的影响，包括头部防护用品、呼吸器官防护用品、眼（面）部防护用品、听觉器官防护用品、手部防护用品、足部防护用品、躯干防护用品、护肤用品、防坠落及其他防护用品等种类。

小贴士 106

头部防护用品

头部防护用品：主要是为防御头部不受外来物体冲击、刺穿、挤压等打击和其他因素伤害而配备的个人防护装备。主要有一般防护帽、防尘帽、防水帽、防寒帽、安全帽、防静电帽、防高温帽、防电磁辐射帽、防昆虫帽等。佩戴时，应戴正、戴牢，不能晃动，要系紧下颌带，调节好后箍，防止安全帽脱落。

呼吸器官防护用品

呼吸器官防护用品：主要是为防御有害气体、蒸气、粉尘、烟、雾呼吸道吸入，或直接向使用者供氧或清洁空气，保证尘、毒污染或缺氧环境中作业人员正常呼吸的防护用具，是预防尘肺和职业中毒等职业病的重要产品。可分为防尘口罩和防毒口罩（面罩），按形式又可分为过滤式和隔离式两类，主要产品有自呼过滤式防颗粒物面罩、过滤式防毒面具、氧气呼吸器、自救器、空气呼吸器等（图 4–4）。

图 4–4　正确使用呼吸器官防护用品

小贴士
108

过滤式呼吸器

过滤式呼吸器：依靠过滤元件将空气污染物过滤后供人体呼吸，呼吸的空气来自污染环境。分为自吸过滤式和送风过滤式。①自吸过滤式：最常见的一种。靠使用者自主呼吸作用克服过滤元件阻力，吸气时面罩为负压，属负压呼吸器。又可分为随弃式和可更换式。②送风过滤式：靠机械力或电力克服阻力，将过滤后的空气送到头面罩内呼吸，送风量通常会大于呼吸量，吸气过程中面罩内可维持正压，属正压呼吸器。

隔绝式呼吸器

隔绝式呼吸器：使用者呼吸道完全与污染空气隔绝，呼吸的空气完全来自污染环境之外，分为供气式和携气式两类。①供气式：常指长管呼吸器，依靠一根长长的空气导管，将外界洁净空气输送给使用者。分为负压式（或自吸式）和正压式。若靠使用者自主吸气导入外界空气，吸气时面罩内为负压，叫自吸式或负压式长管呼吸器；如果靠气泵或高压空气源输送空气，保持头面罩内正压，就属于正压长管呼吸器。②携气式：呼吸空气来自使用者携带的空气瓶，高压空气经降压后输送到全面罩内呼吸，消防员灭火或抢险救援作业通常使用携气式呼吸器。

小贴士 110

眼面部防护用品

眼面部防护用品：主要是预防烟雾、尘粒、金属火花和飞屑、热、电磁辐射、激光、化学溶液飞溅等伤害眼睛或面部的个人防护用品。可分为防尘、防水、防冲击、防高温、防电磁辐射、防射线、防化学飞溅、防风沙、防强光等，主要产品有焊接护目镜和面具、炉窑护目镜和面具、防冲击眼护具、防微波眼镜、防 X 射线眼镜、防化学（酸碱）眼罩、防尘眼镜等。

听力防护用品

听力防护用品：主要是防止过量的声侵入外耳道，使人耳避免噪声的过度刺激，减少听力损失，预防由噪声对人身引起的不良影响的个体防护用品，这是降低噪声保护听力的有效措施。主要有耳塞、耳罩和防噪声头盔等。①耳塞：插入外耳道内，或置于外耳道口处的护听器。分为：慢回弹类（泡沫型材料）和预成型（橡胶类材料）两类。体积小，便于携带和 PPE 的组合配备，但易丢失。慢回弹耳塞不适合水洗和患有耳疾的人使用；预成型耳塞可水洗，比较耐用。②耳罩：由围住耳廓四周而紧贴在头部罩住耳道的壳体所组成的一组护听器。形状像耳机，用隔声的罩子将外耳罩住，耳罩之间用头带或颈带固定，有些耳罩设计可直接插在安全帽两侧的耳罩孔内固定。佩戴方法相对较简单，佩戴位置稳定，但体积大，有可能和已经使用的安全帽、呼吸器、眼镜等产生冲突，如果佩戴时有眼镜腿垫在耳罩垫下，就会降低降噪能力；耳罩使用寿命较长，平时需要维护保养。

小贴士 112

手和臂防护用品

手和臂防护用品：主要是保护手和手臂，可分为一般防护手套、防水手套、防寒手套、防毒手套、防静电手套、防高温手套、防X射线手套、防酸碱手套、防油手套、防切割手套、绝缘手套，主要产品有耐酸手套、电工绝缘手套、焊工手套、防X射线手套、耐温防火手套及各种袖套等。

足部防护用品

足部防护用品：主要是防止生产过程中有害物质和能量损伤劳动者足部的护具，主要分为防尘鞋、防水鞋、防寒鞋、防砸鞋、防静电鞋、防酸碱鞋、防油鞋、防烫鞋、防滑鞋、防刺穿鞋、电绝缘鞋、防震鞋等。主要产品有防砸安全鞋、耐高温鞋、绝缘鞋、防静电鞋、导电鞋、耐酸碱鞋、耐油鞋、工矿防水鞋、防刺穿鞋等。

躯干防护用品（防护服）

躯干防护用品（防护服）：主要用于保护生产者免受作业环境的物理、化学和生物等因素的伤害，分为一般作业防护服和特殊防护服两类。特殊防护服产品有阻燃服、防静电服、耐酸碱服、带电作业屏蔽服、防X射线工作服、防砸背心、防寒服、防高温服、防水服、防微波服、潜水服、水上救生衣、防尘服、防油服、防昆虫服等。使用防护服时，应综合考虑污染物的种类、存在的方式、环境条件和浓度，各防护用品的技术参数和应用范围等因素，选用适当的防护服；对具有腐蚀性气态物质（蒸汽、粉尘、烟雾等）存在的现场，防护服要具有耐腐蚀性、高隔离效率、一定的防水性和衣裤连体，袖口、裤脚有较好的密合性等；对于非蒸发性的固态或液态化学物，仅需要穿具有一定隔离效率的防护服。灭火人员应穿阻燃服，从事酸（碱）作业人员应穿防酸（碱）工作服，易燃易爆场所应穿防静电产生的工作服等。

小贴士 115

防高处坠落防护用品

防高处坠落防护用品：用于保护高处作业人员，防止坠落事故的发生。主要是通过绳带，将高处作业者身体系接于固定物体上，或在作业场所的边沿下方张网，以防不慎坠落。主要分为安全带和安全网两类。安全带产品分为围杆作业安全带、悬挂安全带和攀登安全带三类。安全网产品分为平网、立网两类。

小贴士 116

护肤用品

护肤用品：用于裸露皮肤的保护，如防毒、防腐、防酸碱、防射线等的相应保护剂。护肤用品可分为护肤膏、护肤膜和洗涤剂。护肤膏、护肤膜在整个劳动过程中使用，洗涤剂在皮肤受到污染后使用。

小贴士 117

其他防护装备

其他防护装备：不能归于防护部位的防护用品，如水上救生圈、救生衣等。

第五章 石化产品储藏运输

石油化工产品是以石油或石油气为原料生产出的产品，亦称为石油化学产品。石油经过各种加工过程，可制得汽油、煤油、柴油、润滑油、石蜡、沥青、石油焦、液化气等石油产品，并可为塑料、合成纤维、合成橡胶、合成洗涤剂、化肥、农药等化工产品提供丰富的原料。石油化工产品多达数千种，主要包括：燃料油、润滑剂及润滑脂、石油沥青、石油蜡、石油焦、溶剂、有机原料、合成树脂、合成纤维、合成橡胶、塑料、精细化工产品、化肥。

石油化工产品由于其具有易燃性、易爆性、易产生静电等特点，在其储运过程中易发生泄漏型事故和燃爆型事故。

第一节 工艺过程

原油、成品油的储存生产主要包括原油、成品油的储存、装卸和输出。其中，原油具有一定的黏性，尤其是当温度较低的时候，存储在大型储油罐的油品不容易直接输出，必须进行一定的加热，以达到提高原油温度、原油流动性的目的。目前原油储罐加热的方式主要分为两种，一种是盘管整罐加热，一种是局部快速加热。整罐加热方式是目前应用比较简单，采用比较普遍的一种原油加热方式，而局部快速加热，具有较好地节约能源，加热效率高的特点；成品油是经过原油的生产加工而成，可分为石油燃料、石油溶剂与化工原料、润滑剂、石蜡、石油沥青、石油焦6类，其中，石油燃料产量最大，各种润滑剂品种最多。

一、原油、成品油储运

原油、成品油储存的主要方式有散装储存和整装储存。整装储存是指以标准桶的形式储存，散装储存是指以储油罐的形式储存。储油罐可分为金属油罐和非金属油罐，金属油罐又可分为立式圆筒形和卧式圆筒形。按照油库的建造方式不同，散装原油或油品还可采用地上储油、半地下储油和地下储油、水封石洞储油、水下储油等方式。

原油和油品的装卸包括铁路装卸、水运装卸、公路装卸和管道直输。其中根据油品的性质不同，可分为轻油装卸和粘油装卸；从油品的装卸工艺考虑，又可分为上卸、下卸、自流和泵送等类型。

原油/成品油收发、计量、化验、脱水过程中主要危害涉及火灾、爆炸、中毒、窒息、车辆伤害、高处坠落、噪声危害等。原油收发、脱水过程中一旦发生跑、冒、滴、漏，导致局部积聚形成高浓度可燃气，遇到明火，可能造成闪爆，从而引发火灾、爆炸事故，此外，还可能导致附近作业人员发生中毒和窒息；各类车辆运输、装卸过程中可能对作业人员造成车辆伤害等；罐区罐顶巡检、检尺过程如不慎可能发生人员高处坠落；各类车辆、机泵、加油设备运行过程中会产生噪声危害等。原油、成品油储运应注意做好产品收发、质量验收，建立防火责任制度，落实防火措施，并加强特殊物质的保管（图5–1）。

现场处置方案：
①发现火情立即报告，现场人员发现报警，立即携带灭火器材赶到现场灭火。
②受困人员做好防护，自救互救向安全地带疏散。
③根据储存物品的特性和储量及火灾情况，佩戴相应的防护面具采取针对性灭火措施。
④适时研判并迅速转移库内物品，切断火势蔓延，控制燃烧范围。
⑤发生意外，迅速脱离现场紧急施救。

图 5-1　物料着火的应急处理

原油

原油是未加工的石油，是一种可燃稠厚性油状液体。原油是由各种烃类组成的一种复杂混合物，含有少量硫、氮、氧的有机物及微量金属。在原油开采、储运和炼制过程中均可有接触机会。原油本身无明显毒性，只有在分馏、裂解和深加工过程中，不同的产品和中间产品表现出不同的毒性。

二、石油产品的调配灌装

石油产品大多需要由石油半成品产品调配而成，这个过程也称调和，有时根据产品的要求，会加入添加剂等成分。为保证成品油的质量，石油产品调配时需全面评价各种油的优缺点，然后根据市场需要将相应的组分加以混合，调配成所需商品油。例如，用石蜡基原油生产的柴油组分，其十六烷值及凝点均较高，而由中间基、环烷基原油生产的柴油组分则相反，因此，将两者加以调配，恰可生产合格的柴油。再如，石蜡基直馏柴油和催化裂化或热裂化柴油调配，在改进十六烷值的同时，还可以改善其安定性。石油产品的调配通常需要控制的项目有：汽油主要控制辛烷值、馏程、蒸气压、实际胶质等；柴油主要控制十六烷值、黏度、闪点、倾点、冷滤点、贮存安全性；喷气燃料主要控制馏程、冰点、密度、燃烧性能、热安定性、氧化安定性等。

石油产品调配灌装设施一般包括调油罐间、调油泵间、空压机房、灌装罐、运送设备等设施。

石油产品调配、灌装过程主要危险涉及火灾、爆炸、中毒和窒息、机械伤害、物体打击、车辆伤害、噪声危害等。石油产品装配、调和、供应、接卸、输送过程中一旦发生跑、冒、滴、漏，导致局部积聚形成高浓度可燃气，遇到明火，可能造成闪爆，从而引发火灾、爆炸事故，此外，还可能导致附近作业人员发生中毒和窒息。

石油产品罐区应重点关注各类储罐、灌装装卸、槽车、调油泵等的跑、冒、滴、漏介质事故，此外，应注意到以下危害：机泵运行过程中，在防护缺失及发生故障情况下，可能导致机械伤害；在机泵发生损坏情况下，由于零部件脱落，从而发生物体打击；槽车在运行过程中，可能对作业人员造成车辆伤害等；各类车辆、机泵、空压设备运行过程中会产生噪声危害。重点监督部位有调油罐间、调油泵房、空压机房、灌装罐及灌装桶区、运送设备等场所。石油产品调配灌装应重点关注各类储罐、灌装及附属设施等的跑、冒、滴、漏事故，应从罐体防腐及保温、储罐附件（呼吸阀、安全阀、阻火器、储罐基础、防水栓或排污孔、罐壁连接件）、防雷与接地设施、安全监测设施、地坪、水封井及排水阀、防火堤、安全管理等方面加强防护。

三、储运设备安全检修

储运设备承担着石油化工原料及产品的储存和运输，是石油化工行业一个非常重要的环节。近年来，随着原料油、气的不断开采，石油化工加工产量不断提高，相应地给储运环节带来不小的压力。储运设备安全检修主要包括储罐、管道等设备的安全检查及维修。储运设备运行过程中，需要进行日常检查和维护。此外，随着运行年限的增加，储罐、管道及其附属设备、零件出现老化、腐蚀等现象，需要进行维修。

储运设备安全检修过程中主要危害涉及中毒、窒息、火灾、爆炸、高处坠落、车辆伤害、起重伤害等。储运设备安全检修、清罐作业过程中存在有限空间作业，检修过程中可能会受到罐体里面有毒气体的损害造成作业人员发生中毒、窒息事故；另外，检修过程中存在动火作业，如电焊作业和切割、打磨作业过程中，一旦发生跑、冒、滴、漏，导致局部积聚形成高浓度可燃气，遇到明火，可能造成闪爆，从而引发火灾、爆炸事故，此外，还可能导致附近作业人员发生中毒和窒息；储运设备检修过程中存在高空作业，作业人员在脚手架上作业如不慎踏空、摔倒可能发生高处坠落；现场有许多施工车辆和起重机，作业人员可能会发生车辆伤害和起重伤害。其安全防护重点如下：

1. 选择设计安全性高的储运设备 选择设备时应优先选用带有安全阀门、爆破片、阻火器、火星熄灭器、自动探测器等防火防爆功能的设备。良好的设计是保证储运设备质量的前提条件。在执行具体的设计工作时，既要考虑设备所处的工作环境和负担的工作压力，也要考虑具体类型、设备材料及后期安装，还要确保基础设计图遵循国家标准或要求。除此之外，在决定新建、扩建或改建石油化工储运设备时，既要考虑设备安全运行环境，也要考虑防火隔离、通风散气、消防警备等因素，综合利用多种资源，合理布置现场的设备。

2. 加强定期检测 设置完整的工作标准和执行流程，强化石油化工储运设备的管理和维护体系。设置定期检测周期和操作规程，做好设备各项性能、信息数据的记录工作，出现故障及时维修。考虑到石油化工储运设备的各种潜在危险因素，再加上工业生产物质资源供给方面的强烈需求，设置完整的标准和流程，强化石油化工储运设备的管理和维护体系。石油化工存储运输设备使用过程中，应该做好各项基础性能、信息数据的记录工作，同时要观察设备是否存在严重的故障问题。一旦发现设备出现异常现象之后，必须立即采取停运措施，再利用专业的检测设备查探内部故障，仔细分析诱发问题的因素并及时开展有效的处理工作。应该开展大范围的储运设备定期检测检验，也可以针对某些危险位置、有毒气体的检测设备安排特殊检测。

3. 强化设备的定期保养维护 为了保证储运工作稳定进行，结合每日工作表制定全面的保养方案，将保养工作落实到人，确保储运设备的运作效率，发现异常零件及时进行维修；按照设备使用情况进一步确定储运设备润滑油的更换周期。

4. 严格按照操作规程作业并做好个体防护 制定维修作业操作规程并严格执行，制定应急救援专项预案并定期进行演练，为作业人员配备应急救援物资（如空气呼吸器、防毒面具、便携式气体检测仪、应急灯具、应急车辆等）并要求其正确佩戴和使用；各类作业人员都要做好相应的健康防护（图 5–2）。

焊接作业职业危害：电焊烟尘、一氧化碳、臭氧、氮氧化物、氧化锰等有毒气体、电焊弧光、高频电磁场、高温、噪声等；

个人防护：电焊面罩、焊工手套、佩戴呼吸防护用品等。

图 5-2　电焊作业职业安全与健康防护

第二节　主要设备和场所

一、罐区及储罐

罐区是石油化工产品储存的重要区域，通常由一个或若干个罐组及附属设施组成；储罐是石油化工产品储存的主要设施，按照位置可分为地上罐、半地下罐、地下罐三种，按照形状可分为立式罐、卧式罐、球形罐等多种。罐区主要用于储存原油、成品油和化工产品等。

石油化工产品罐区及储罐主要危险涉及火灾、爆炸、中毒窒息等。一旦发生跑、冒、滴、漏，局部积聚形成高浓度可燃气，遇到明火，可能造成闪爆，从而引发火灾、爆炸事故。此外，还可能导致附近作业人员发生中毒和窒息事故。石油化工产品罐区及储罐应重点关注各类储罐及附属设施等的跑、冒、滴、漏事故，应从罐体防腐及保温、储罐附件（呼吸阀、安全阀、阻火器、储罐基础、防水栓或排污孔、罐壁连接件）、防雷与接地设施、安全监测设施、地坪、水封井及排水阀、防火堤、安全管理等方面加强防护。

二、泵、压缩机及管道

泵与管道是石油化工产品的重要输送设备；压缩机是一种将低压气体提升为高压气体的流体机械。机泵及压缩机运行过程中主要危险有火灾、爆炸、中毒窒息、机械伤害、触电、噪声、物体打击等。应关注机泵超温超压运转、渗漏、防漏等级不够、操作失误等原因导致的跑、冒事故，避免发生火灾、爆炸、中毒和窒息事故。此外，应注意到以下危害：机泵运行过程中，在防护缺失及发生故障情况下可能导致机械伤害；作业人员触及正常带电体或原本不带电设备外壳发生故障情况下导致发生触电；机泵运行涉及的噪声危害，在机泵发生损坏情况下，由于零部件脱落，发生物体打击等。

管线存在的主要危险涉及火灾、爆炸、中毒窒息等。石油化工产品管道一旦产生静电或发生跑、冒、滴、漏，局部积聚形成高浓度可燃气，遇到明火则可能造成闪爆，从而引发火灾、爆炸事故。此外还可能导致附近作业人员发生中毒和窒息事故。重点应从减少跑、冒、滴、漏、防静电方面做好防护。

三、装卸站台和码头（海上石油作业、危险品码头）

石油化工产品装卸站台是指装卸石油化工产品的专有设施，如铁路专用线、装卸栈桥、公路发放场等；石油化工产品码头是沿海、沿江石油化工企业装卸和储存石油化工产品的建筑设施。通常由储罐、输送管道、装卸设备及靠船平台或引桥和趸船等组成。从石油化工产品的装卸工艺考虑，又可分为上卸、下卸、自流和泵送等类型。

石油化工产品装卸站台和码头主要危险涉及火灾、爆炸、中毒窒息、机械伤害、起重伤害、物体打击、车辆伤害、触电、坍塌等。石油化工产品装卸、储存及输送过程一旦发生跑、冒、滴、漏，局部积聚形成高浓度可燃气，遇到明火，可能造成闪爆，从而引发火灾、爆炸事故。此外还可能导致附近作业人员发生中毒和窒息事故；应重点关注装卸站台和码头石油化工产品储存及输送设施等的跑、冒、滴、漏事故。此外，应注意到以下危害：皮带输送机、装载机等机械的转动和传动部位，如电机、靠背轮、大车齿轮、钢丝绳及卷筒、制动器、夹轨钳等在进行操作或维修时，如操作或防护不当，可导致机械伤害；起重机作业过程中可能发生起重伤害；装卸过程中可能发生物体打击；车辆在搬运或堆垛过程中可能产生车辆伤害；作业人员触及正常带电体或原本不带电设备外壳发生故障情况下导致发生触电；堆垛，船舶靠离泊不规范撞击码头造成的码头结构损坏，以及台风、突发性强风引起的港口大型机械发生的倒塌。应从铁路专用线、装卸栈桥、公路发放场地设置、码头场地、平台或引桥、趸船、装卸设备、储罐、绝缘连接和静电防护等方面加强防护。

四、石油产品库

石油产品库是收发和储存石油产品的库房、敞棚或露天堆场。石油产品库主要危险涉及火灾、爆炸、物体打击、中毒窒息、物体打击、车辆伤害等。石油产品储存过程中一旦发生跑、冒、滴、漏，导致局部积聚形成高浓度可燃气，遇到明火，可能造成闪爆，从而引发火灾、爆炸事故。此外还可能导致附近作业人员发生中毒和窒息事故。石油产品库应重点关注各类储罐或桶等的跑、冒、滴、漏事故，此外，应注意到以下危害：石油产品桶垛倒塌中可能发生物体打击；车辆在搬运或堆垛过程中可能造成车辆伤害等。应从库房、敞棚、露天堆场的设置、包装、装卸与搬运、防静电、设备防爆、安全保管等方面加强防护。

五、化工产品库

化工产品库是收发和储存化工产品的库房、敞棚或露天堆场。化工产品库主要危险涉及火灾、爆炸、物体打击、中毒窒息、化学灼烫、物体打击、车辆伤害等。化工产品储存过程中一旦发生跑、冒、滴、漏，导致局部积聚形成高浓度可燃气，遇到明火，可能造成闪爆，从而引发火灾、爆炸事故，此外，还可能导致附近作业人员发生中毒和窒息、化学灼烫事故。化工产品库应重点关注各类储罐或桶等的跑、冒、滴、漏事故，此外，应注意到以下危害：人员在高处作业过程中，可能发生高处坠落；化工产品桶垛倒塌中可能发生物体打击；车辆在搬运或堆垛过程中可能造成车辆伤害等，如果使用起重设备涉及起重伤害事故。应从库房、敞棚、露天堆场的设置、包装、装卸与搬运、防静电、设备防爆、安全保管等方面加强防护（图 5-3）。

化学品安全风险管控：
①化学品安全风险识别：列出工作场所生产、操作和维护过程中的化学品的清单。
②化学品安全风险评估：对化学品接触和其他的风险以及工作场所的控制情况进行评估。
③化学品安全风险管控基于风险评估，评估化学品在储存和使用等各个环节可能引起的潜在的健康安全风险，建立防控措施，对风险进行控制，降低健康风险。

图 5-3　做好化学品管理与化学品安全风险管控

六、化纤品仓库

化纤品仓库是收发和储存化纤产品的库房、敞棚或露天堆场。

化纤品仓库主要危险涉及火灾、物体打击、高处坠落、车辆伤害等。化纤产品储存过程中一旦接触明火，可引发火灾，化纤品仓库应重点关注各类火灾事故。此外，应注意到以下危害场所点：化纤品垛倒塌中可能发生物体打击；人员在高处作业过程中，可能发生高处坠落；车辆在搬运或堆垛过程中，可能造成车辆伤害等，如果使用起重设备涉及起重伤害事故。重点从库房、敞棚、露天堆场的设置、包装、堆垛及安全保管等方面加强防护。

七、液化石油气站（压缩天然气站）

液化石油气站多数是储配供应站，是专门储配、供应、接卸、输送液化石油气的场所，一般由储罐区、灌瓶间、压气机室、接卸站台、槽车及槽车库、气瓶及气瓶库等组成。

液化石油气储配、供应、接卸、输送过程主要危险涉及火灾、爆炸、中毒和窒息、机械伤害、物体打击、车辆伤害、噪声等。液化石油气储配、供应、接卸、输送过程中一旦发生跑、冒、滴、漏，导致局部积聚形成高浓度可燃气，遇到明火，可能造成闪爆；还应注意液化石油气比空气重，泄漏后可能沿地面流淌，在较远处的低洼处聚集，遇明火引发火灾、爆炸事故，此外还可能导致附近作业人员发生中毒和窒息。液化石油气站应重点关注各类储罐、气瓶、灌装装卸、槽车等的跑、冒、滴、漏事故，此外，还应注意到以下危害：机泵运行过程中，在防护缺失及发生故障情况下，可能导致机械伤害；在机泵发生损坏情况下，由于零部件脱落，从而发生物体打击；槽车在运行过程中，可能造成车辆伤害；压气机运行产生噪声危害等。重点从罐区的设置、储罐、灌瓶间、压气机室及仪表间、接卸站台、汽车槽车、气瓶库、液化气管道等方面做好防护。

小贴士 119

液化石油气

液化石油气是由油井中伴随石油溢出的气体或由石油加工过程中产生的低分子量的烃类气体经压缩而成，主要成分是丙烷、丙烯、丁烷、丁烯等，具有轻度麻醉作用，有低毒性。在通风不良的环境中燃烧时可产生一氧化碳、二氧化碳和由于空气中氧含量降低而引起急性一氧化碳中毒、二氧化碳和缺氧所致的症状。急性中毒时，可在几分钟内出现头痛、恶心、四肢无力、呼吸表浅、血压下降及癔病样表现，如躁动不安、胡言乱语、幻觉等神经症状。重症患者可突然倒下，尿失禁，意识丧失，甚至呼吸停止。液化石油气溅到皮肤上，能引起局部麻木，还可造成冻伤。生产过程中，应加强生产的自动化和密闭化，加强设备维修保养，防止跑、冒、滴、漏，现场采取通风排毒措施。一旦发生中毒，应立即脱离现场，将患者转移到空气新鲜处，平卧、保暖、保持呼吸道畅通和吸氧等，对症治疗；呼吸、心跳停止时应立即给予人工呼吸和心脏按压。

八、加油站

加油站是指为汽车和其他机动车辆服务的、零售柴油、汽油和机油的补充站，一般包含加油机、油罐等设备设施。其中，加油机是由油泵、油气分离器、计量器、计数器四大总成以及电动机、油枪等其他一些部件构成；油罐区由多个油罐组成。每个油罐区一般储存一种油品。油罐的分类主要有按材料分和结构分两大类，我国绝大多数加油站的汽油和柴油采用的油罐都是卧式钢罐。

加油站油料储存、加油、装卸过程主要危险涉及火灾、爆炸、中毒、车辆伤害等。加油站加油、装卸过程中一旦发生跑、冒、滴、漏，导致局部积聚形成高浓度可燃气，遇到静电、明火，可能造成闪爆，从而引发火灾、爆炸事故，此外还可能导致附近作业人员发生中毒和窒息。另外，槽车在运行过程中，可能造成车辆伤害等。加油站安全事故易发部位及危险点主要为加油场地和加油机、油罐及管道、装卸油作业等。

1. 加油站安全防护措施主要包括以下几个方面：

（1）**防静电接地：**加油站静电接地就是用导线将储油罐、输油管道、加油机卸油台等设施与大地相接，从而使导体电位接近大地电位，其中卸油地线应与防静电接地体等电位连接。要经常检查加油枪的接地和管道上法兰盘的连接情况，及时消除锈蚀，保证整个接地系统的接地电阻不超过标准。

（2）**增加空气湿度：**增湿主要增加静电沿绝缘介质表面泄漏，而不是增加静电通过的泄漏。增湿对于亲水性物质除能加快静电的泄漏，防止静电积累，还能提高爆炸性混合物的最小点火能量。在加油站主要是给加油区、储油罐区、卸油区及油罐车等喷入水蒸气或洒水，使加油站区域的相对湿度保持在 65% ～ 75% 范围内。

（3）**掺杂降低电阻率：**要有效地泄漏带电体上的静电，接地法只适用于带电的金属导体或静电导体和亚导体，而增加湿度又只对亲水性的带电介质有效。要有效地泄漏电阻率较高的静电非导体所带电荷，只能靠降低它们的电阻率，提高导电性来解决，即向介质材料如燃油、塑料制品等添加能减少电阻率的杂质，以改善其导电性能。

（4）**控制场所危险程度：**在机动车加油站，主要应在封闭危险的空间安装通风装置，及时排出爆炸性混合物（如可能产生的油雾等），使混合物的浓度不超过爆炸下限。

（5）**人体静电防护：**人体活动也是加油站静电发生源之一，由于人体带电的复杂性，所以应建立完备的人体防静电系统。这一系统可考虑由防静电工作服、鞋袜、地坪等组成，必要时辅以防静电腕带、手套、脚套、帽子和围裙等，还有工作台、座椅等都属于防静电系统范畴。这种整体的防护系统兼具有静电泄漏、中和与屏蔽作用。加油站的工作人员应持证上岗，严格按照规程操作，这是防止静电灾害事故发生的最直接、最有效的手段。

（6）**加强监督检查：**完善的监督机制，是制度落实的保障。在内部人员相互监督的同时，要重点加强对外来人员和客户的监督，在加油站入口处要设置明显的警示标语，同时要求加油站人员要对客户进行口头提醒。在加油站进行施工改造时，要在施工前对施工人员进行安全教育，特别强调加油站不允许吸烟。在施工过程中，要有专人在现场监督，在动火时要严格控制范围，并对动火现场油气浓度进行实时监控，确保安全施工无事故。

2. 加油站安全注意事项主要包含以下几个方面：

（1）站内严禁烟火。

（2）严禁在加油站内从事可能产生火花性质的作业，如不准在站内检修车辆，不准敲击铁器等。

（3）严禁向汽车的气化器及塑料桶内加注汽油。

（4）所有机动车辆均须熄火加油。摩托车、轻骑、拖拉机等熄火加油后要推离加油机四米后才能发动。

（5）严禁携带一切危险品入站。

柴油

柴油包括石蜡基柴油、环烷基柴油、环烷－芳烃基柴油等，是石油提炼的产品。柴油雾滴吸入可致吸入性肺炎。皮肤为主要吸收途径，皮肤接触可引起接触性皮炎，主要是双手和前臂出现红斑、水肿、丘疹，反复接触可致局部皮肤浸润增厚，间有轻度糜烂、渗出、结痂、皲裂等。急性柴油中毒主要表现为神经系统抑制。短期内吸入大量柴油雾滴可导致化学性肺炎。慢性接触对人体的影响：皮肤接触柴油可出现红斑、丘疹和水疱。长期接触柴油后，皮疹可转为慢性，呈现浸润增厚斑片，间有糜烂、渗液、结痂和皲裂。生产过程中，应加强生产的自动化和密闭化，加强设备维修保养，防止跑、冒、滴、漏，现场采取通风排毒措施。一旦发生中毒，应立即脱离现场，将患者转移到空气新鲜处，平卧、保暖、保持呼吸道畅通和吸氧等，对症治疗；呼吸、心跳停止时应立即给予人工呼吸和心脏按压。

煤油

煤油是由天然石油或人造石油经分馏或裂化而成的轻质石油产品。煤油主要有麻醉和刺激作用。精制煤油的毒性较小，含苯和烷基苯时可影响造血功能。吸入气溶胶和雾滴可引起黏膜刺激。吸入大量煤油的蒸气、雾滴或气溶胶所致急性中毒者有明显的呼吸道刺激症状，包括咳嗽、呼吸困难、胸痛和不适，严重时可发生化学性肺炎。不慎呛入液态煤油时可引起化学性肺炎，临床上出现发热、乏力、发绀、剧烈呛咳、铁锈色痰、咯血或血性泡沫痰、呼吸困难和胸痛等。煤油中毒，可有中枢神经受损而出现兴奋、酩酊感、烦躁、意识模糊、震颤、共济失调、谵妄、昏迷和抽搐。长期接触煤油可有头晕、头痛、失眠、精神不振、记忆力减退、乏力、食欲减退和容易激动等神经症状，严重时出现震颤和共济失调；此外可有眼烧灼感、咳嗽、呼吸困难、皮肤发痒、脱脂干燥、鞍裂、毛囊炎和接触性皮炎等黏膜和皮肤的刺激表现等。生产过程中，应加强生产的自动化和密闭化，加强设备维修保养，防止跑、冒、滴、漏，现场采取通风排毒措施。一旦发生中毒，应立即脱离现场，将患者转移到空气新鲜处，平卧、保暖、保持呼吸道畅通和吸氧等，对症治疗；呼吸、心跳停止时应立即给予人工呼吸和心脏按压。

第六章 石化装置停工检修作业

石化装置在经过一段时间持续运行后，可能会出现各种问题，如设备的老化、管道的堵塞、换热器等的结垢、动设备的磨损、压力容器或管道的泄漏等问题。

若设备老化出现故障会影响生产效率，甚至造成设备的损坏，发生安全事故。如压力容器或管道长时间运行可能会出现锈蚀和内漏；反应塔、加热炉等在高温、高压物料的冲刷下可能会出现器壁变薄；换热器长时间运行可能会造成内部结垢，影响换热效率；催化剂长时间参与反应后，可能会产生催化剂磨损、催化剂中毒、催化反应效率下降等问题。

为了实现石化装置安全、稳定高效生产的目标，需定期对特种设备如安全阀、压力容器进行校验，定期对石化装置进行停工检修。停工检修一般是根据设备使用情况，设备使用时间，经综合分析开展的计划检修；有的是在装置正常生产过程中由于设备突发故障开展的计划外停工检修。目前，我国大多数石油化工装置计划内停工检修周期为 1 次 /（2 ～ 3 年）。

第一节 石化装置停工检修的特点

石化装置停工检修的特点：石油化工装置内的介质多为高温、高压、有毒物料，停工检修施工时工期短（一般 1 ～ 3 个月）、施工作业集中在装置内，装置内设备密集、多专业交叉作业多、使用的各类辅助检修设备多、用电及动火危险作业多，未知的安全风险较多，安全事故发生率高，尤其是多个装置同时停工检修，还具有投入检修人员多、人员工作量大、人员的管理难度大、安全风险高、外部施工作业单位多的特点（图 6–1）。

安全风险：生产介质为高温、高压、有毒物料，检修工期短、设备密集、多专业交叉作业多、检修设备多、用电及动火危险作业多，多个装置同时停工检修，投入检修人员多、人员工作量大、人员的管理难度大、外部施工作业单位多等。

检维修期间作业多：电工作业、拆卸作业、动火作业、动土作业、高处作业、焊接作业、吊装作业、进入设备内作业等。

图 6–1　生产装置停工检修期间职业安全与健康防护

1. 停工检修工期短　停工检修工期较短，一般为 30 ～ 90 天。停工检修期间作业强度大，作业人员一般采用倒班工作制进行施工，为在要求工期内完成检修，一般会投入大量检修作业人员，工期短是石化装置停工检修的重要特征。

2. 作业内容多 停工检修时，作业内容多，同一装置区内多种设备如加热炉、反应塔、反应釜、换热器、反应器、压缩机、各类机泵等的结构和性能各异，产生故障的类型、原因不同，同时在停工检修时经常还包含技术改造内容，因此，停工检修时，一个装置将同时进行不同内容的检修施工。

3. 作业危险性大 停工检修的对象多为各类设备如加热炉、反应塔、反应釜、换热器、反应器、压缩机、各类机泵等，现场作业条件较差，高危险性作业较多，易造成群死群伤事故。主要危险作业包括重型吊装作业、管廊及设备框架的高处作业、动火作业、炉及塔内的有限空间作业、探伤作业、塔器的临边作业、脚手架作业等，施工中若安全防护措施及管理不到位，可能导致人员受伤、财产损失。停工检修时存在塔上塔下、容器内外及各工种的交叉作业。在装置停车时，需卸除反应器、各类容器、管道中的所有物料，这些物质对人体都有不同程度的伤害，有的是腐蚀性的，有的是高毒的，有的是易燃易爆的，若管理不当会造成人员中毒和灼伤；若发生泄漏还可能会引起火灾爆炸。

4. 协调难度大 停工检修时因工程量大，同一装置检修的现场会有多家施工承包单位同时施工，施工单位之间的协调难度大。同时因工期紧张，各施工承包单位还可能将检修工序进行分包，进一步增加了协调难度。

5. 规范性较强 停工检修的照明、检修使用的机具、配备的个人防护用品、现场警示标识以及检修中各种设备、管道检修安装都有相应的标准和程序。

6. 作业工种和设备多 停工检修涉及专业较多，包括土建专业、电气专业、仪表专业、机泵专业等，在一个有限的装置范围内，作业工种可多达十余种，各专业检修使用到的设备种类也比较多。

7. 检修环境差 停工检修一般在夏季进行，环境气温高，作业地点一般是露天框架或塔、釜、罐内，需通过人孔进入且内部无自然采光，依靠人工照明设施检修，空气流动性较差；因工期短且工作量大，检修作业人员劳动强度大，人员不能得到好的休息。

小贴士 122

电离辐射

电离辐射对人体的危害是由超过允许剂量的放射线作用于机体而发生的。放射危害分为外照射危害和内照射危害。外照射危害是放射线由体外穿入机体而造成的伤害，X 射线、γ 射线、β 粒子和中子都能造成外照射危害。内照射危害是由于吞食、吸入、接触放射性物质，或通过受伤的皮肤直接侵入人体内而造成的。通常电离辐射个体防护是根据放射线与人体的作用方式和途径进行的。防止外照射的个体防护措施是对人体采用屏蔽包裹，阻挡放射线由体外穿入人体。防止内照射的个体防护措施是防止放射性物质从消化道、呼吸道、皮肤途径进入人体。在任何可能有放射性污染或危险的场所，都必须穿防电离辐射工作服，戴胶皮手套、穿鞋套、戴面罩和目镜，在有吸入放射性粒子危险的场所，要携带空气呼吸器。在发生意外事故而导致大量放射污染或可能被多种途径污染时，可穿供给空气的衣套。

第二节 停工检修的工作内容及其安全、健康风险

停工检修的对象为加热炉、反应塔、反应釜、换热器、反应器、

压缩机、各类机泵等。按照作业内容的不同可以分为以下几种：

1. 动火作业 动火作业包括电焊、气焊等焊接或切割作业；电钻、砂轮切割等产生火花的作业；喷灯、火炉、沥青融化等明火作业；进入易燃易爆场所的机动车辆、燃油机械等设备；检修区连接临近临时电源并使用非防爆电气设备和电气工具。

因检修装置内可能存在残存的易燃、易爆物品。一旦没有做好隔离防护，则会引起灼伤、火灾、爆炸、中毒等事故。

电焊工尘肺

电焊工尘肺是长期吸入高浓度电焊烟尘而引起的慢性肺纤维组织增生为主的损害性疾病。发病与焊接环境、粉尘浓度、气象条件、通风状况、焊接种类、焊接方法、操作时间及电流强度等有密切关系。电焊工尘肺发病缓慢，发病工龄一般在10年以上范围在15～20年，最短发病工龄为4年。临床症状轻微，可无明显自觉症状和体征；随着病情进展，特别是并发肺气肿、支气管扩张或支气管炎时，可出现相应的临床症状。在进行焊接作业时，要落实通风排毒、防暑降温等各项防护措施，做好防尘防毒安全帽、送风头盔、送风口罩等个体防护用品使用。

2. 有限空间作业 受限空间作业包括在塔、釜、罐、仓、烟道、地下水道、坑、池等进出口受限，通风不良，存在窒息和中毒风险，可能对进入人员的身体健康和生命安全构成危害的封闭、半封闭的空间或场所内的作业。

检修作业时进入塔、釜、罐等有限空间的作业较多，是最易发生事故的。作业人员通过人孔进入这些设施，内部无自然采光，依靠人工照明设施检修，空气流动性较差，人员有触电危险；内部可能残存有毒有害及窒息性气体，且气体不易扩散，人员可能会发生中毒和窒息；夏季作业时，设施内温度较高易发生人员中暑（图 6–2）。

职业安全和健康防护装备：
①气体检测设备：如便携式气体检测报警仪。
②呼吸防护用具：送风式长管呼吸器、正压式空气呼吸器、正压式隔绝式逃生呼吸器等。
③防坠落用品：全身式安全带、速差自控器、安全绳、三脚架等。
④安全器具、通风设备、照明设备、通信设备、安全梯等。
⑤其他防护用品：安全绳、防护服、防护眼镜、防护手套、防护鞋等。

图 6–2　有限空间作业安全和健康防护装备

3. 高处作业　高处作业是指在 2 米及以上作业，并且在有坠落可能的位置进行作业。检修时作业人员经常在各类设备高处进行施工，可能会因设备平台的孔洞没有进行有效防护、梯子与护栏因锈蚀造成强度降低，作业人员在高处作业时造成高处坠落。若检修工具和设备零件等放置不规范或固定不牢固，可能会造成其坠落，造成物体打击伤害；拆卸的废弃零部件摆放不当或清理不及时也会造成其坠落，造成地面人员受到物体打击的伤害；夏季高处作业时，若环境温度高易发生人员中暑（图 6–3）。

4. 临时用电作业　因生产、检修、工程施工需要，在正式运行的供电系统上接入用电设备，使用时间不超过 6 个月的作业称为临时用电作业。

职业安全与健康防护：①进入施工现场必须戴安全帽。②悬空高处作业人员应挂牢安全带。③应采用密目式安全立网对建筑物进行封闭。④对施工现场和建筑物的各种孔洞盖严并固定牢固。⑤应搭设防护棚。此外，还要做好触电、火灾、物体打击等防范工作。

图 6-3　高处作业职业安全与健康防护

停车检修时有较多临时用电线路、临时用电设备，若停车检修时现场存在易燃易爆液体和气体，且线路架设不合理或设备未安装漏电保护器等，可能造成火灾、人员触电等伤害。

5. 吊装作业　停车检修吊装作业主要包括：起重机吊装作业、卷扬机吊装作业、重型吊装作业。停车检修吊装作业工作量大，起重负荷差异较大，使用的起重机械种类多。

吊装物品一般是更换的管件、阀门、塔盘、填料等，吊装物品重量较大，检修区域作业人员多，可能发生起重伤害。

6. 管线 / 设备打开作业　主要包括：内部盛装高毒介质的管道 / 设备打开作业；内部盛装易燃易爆介质的管道 / 设备打开作业；内部盛装腐蚀性介质的管线 / 设备打开作业；不同工作压力、不同温度的管道 / 设备打开作业；内部盛装可能造成人员窒息介质（气体 / 液体）的管线 / 设备打开作业。

管线 / 设备打开作业时，其内部可能存在有毒、易燃易爆、腐蚀性、高压、高温等介质，可能造成人员中毒和窒息、灼伤、物体打击等伤害。

7. 挖掘作业 挖掘作业是指：在检修工作区域作业人员使用手持工具或操作挖掘机、推土机等机械，通过挖掘形成沟、槽、坑的挖土、打桩等作业。

装置区地下情况复杂可能存在电缆、仪表线缆、各类污水或污油管道等，若开挖不当可能会造成作业人员触电、中毒、坍塌等事故。通过以上分析可以发现停车检修施工中的危害主要包括：火灾、爆炸、触电、起重伤害、灼烫、坍塌、高处坠落、物体打击、中毒窒息等。

8. 探伤作业 压力容器或压力管道更换后会对焊缝进行探伤作业，现场探伤一般采用移动式工业探伤机，主要有 X 射线探伤机、γ 射线探伤机，若发生透射、漏射和散射等情况时，会对作业人员造成额外照射。γ 射线探伤机为有源探伤机，其放射源主要有铱 -192、硒 -75 和钴 -60 等，若发生放射源失窃或遗失，会对所有附近人员造成额外照射。

第三节 停车检修作业安全和健康防护

1. 按照科学合理的原则编制停工检修方案；严格按照审批后的停工方案停工，停工过程的每一关键步骤都有专人负责确认，制定作业施工方案，相关作业有专人负责，签订责任书，对检修质量负责，进行危害识别并制定相应的安全措施。保证检修人员对方案理解清楚，分工明确（图 6–4）。

2. 安全物资提前准备充足（防火毯、防毒口罩等），现场消防措施落实，消防、气防设施、器材完好（图 6–5、图 6–6）。

检修前应做到：对作业场所进行危险有害因素识别，并对相应安全控制措施进行确认；对检修人员进行安全教育培训；为检修人员配备合适的防护用品；办理各种作业票证。

图 6-4　检修前安全防护提示

把安全生产的重点放在预防体系上，超前防范，不断健全和完善综合治理工作机制，采取综合治理的手段和方法，以有效减少安全事故，实现安全第一。

图 6-5　安全第一，预防为主

检修维护期间职业安全与健康防护：组织生产、技术、设备、安全和生产操作等多方人员共同对停工、工艺处理和开工过程存在的风险进行评价，编制风险评价报告书，制定并落实安全管理与技术和应急计划与风险管控措施等。

图 6-6　检修维护期间职业安全与健康防护管理

3．易燃、易爆、有毒腐蚀、污染性物料按规定回收或排放火炬（燃烧）。装置物料按要求全部倒空，不留死角，不乱排乱放；油、干气、氢气、氮气蒸气、化工物料等进出的装置要加装盲板（即法兰盖，是一种可拆卸的密封装置），装置有效隔离，盲板安排专人管理、装拆、编号登记并在现场做好明显标示。

4．对盛装有毒、有害、易燃、易爆等介质的设备、塔、罐、换热器、管线等按规定时间彻底吹扫、蒸煮、置换、中和，分析化验合格，具备交出条件；涉及硫化氢介质的管道、设备严禁私自将冲洗污水排至地面及雨水管道，必须经由密闭管道回收，冲洗水合格后必须由车间负责人上报环保部门验收后方可排放。

5．含油污水系统的检查井、漏斗、下水井等部位和装置区明沟、地面、平台及设备、管道外表面油污清扫干净检测合格、办理相关手续后方可进行后续动火作业。

6．涉及汽油、液化气等易挥发汽化介质的管道严禁直接使用蒸汽吹扫，必须用水置换至罐区，将管道内存水放净后，再用氮气或蒸汽扫出。罐区内安排专人监护，定时切水（即截油排水）。需要动火的轻组分管道，水置换完后必须使用蒸汽蒸煮，检测合格、办理相关手续后方可动火。

7．进入特殊部位进行检查、清扫、检查要制定并落实好防范措施。进入有限空间，必须签发有限空间作业票，车间责任人落实有限空间的安全作业环境，要求加强取样及用电管理，保证作业安全，安排合格的作业监护人，严禁未转正员工负责监护工作。

参考文献

[1] 王士礼．石油化工防火与灭火 [M]．北京：中国石化出版社，1998.

[2] 翟齐．石油化工安全技术 [M]．北京：中国石化出版社，1998.

[3] 周学勤．石油化工有害物质防护手册 [M]．北京：中国石化出版社，2011.

[4] 中国石油化工总公司安全监察部．石油化工毒物手册 [M]．北京：中国劳动出版社，1992.

[5] 孙贵范．职业卫生与职业医学 [M]．8 版．北京：人民卫生出版社，2017.

[6] 王广生．石油化工原料与产品安全手册 [M]．2 版．北京：中国石化出版社，2010.

[7] 陆春荣，张斌．危险化学品企业安全员工作指导 [M]．北京：中国劳动社会保障出版社，2009.

[8] 任国友．化工行业安全生产和个体防护实用手册 [M]．北京：中国工人出版社，2009.

[9] 石惟理．石化行业危险化学品安全培训读本 [M]．北京：中国石化出版社，2009.

[10] 张德义．石油化工危险化学品使用手册 [M]．北京：中国石化出版社，2006.

[11] 崔政斌，聂幼平．职业危害控制技术 [M]．北京：化学工业出版社，2009.

[12] 周志俊．化学毒物危害与控制 [M]．北京：化学工业出版社，2007.

[13] 张海峰．危险化学品安全技术大典（第Ⅰ卷）[M]．北京：中国石化出版社，2010.

[14] 夏元洵．化学物质毒性全书 [M]．上海：上海科学技术文献出版社，1991.

[15] 周国泰．危险化学品安全技术全书 [M]．北京：化学工业出版社，1997.

[16] 范强强．石油化工企业消防安全 [M]．北京：中国石化出版社有限公司，2009.

[17] 王玉晓．石油与化工火灾扑救及应急救援[M]．北京：中国人民公安大学出版社，2016.

[18] 李涛，张敏，缪剑影．密闭空间职业危害防护手册[M]．北京：中国科学技术出版社，2013.

[19] 李华．石化与健康[M]．北京：中国石化出版社，2017.

[20] 董定龙，刘春生，张东普．石油石化职业病危害因素识别与防范[M]．北京：石油工业出版社，2007.